十二五高等院校
艺术设计规划教材

中外建筑
风格分析

梁莺歌 刘浪／编著

U0352068

人民邮电出版社

北 京

图书在版编目（CIP）数据

中外建筑风格分析 / 梁莺歌，刘浪编著. -- 北京：
人民邮电出版社，2015.7（2021.1重印）
现代创意新思维·十二五高等院校艺术设计规划教材
ISBN 978-7-115-38680-9

Ⅰ. ①中… Ⅱ. ①梁… ②刘… Ⅲ. ①建筑风格—对
比研究—中国、国外—高等学校—教材 Ⅳ. ①TU-861

中国版本图书馆CIP数据核字(2015)第045969号

内 容 提 要

本书共分 3 篇，分别为基础理论篇—中西方建筑史简介；实训篇—中西方建筑风格分析；欣赏篇
—中西方建筑风格欣赏。书中分析了西方古代建筑、西方古代中期建筑、西方文艺复兴时期的建筑、
西方古代晚期建筑、西方近代建筑、中国古代建筑、中国近代建筑、几种东方传统建筑等不同时期和
风格建筑形式的主要特征、代表建筑类型、代表建筑及其在室内设计中的实际运用。

本书适合作为艺术设计类专业、建筑类专业的中外建筑风格分析和建筑史等课程的教材，也可供
广大读者自学使用。

◆ 编　著　梁莺歌　刘　浪
　　责任编辑　桑　珊
　　责任印制　杨林杰

◆ 人民邮电出版社出版发行　　北京市丰台区成寿寺路 11 号
　　邮编　100164　电子邮件　315@ptpress.com.cn
　　网址　http://www.ptpress.com.cn
　　北京虎彩文化传播有限公司印刷

◆ 开本：787×1092　1/16
　　印张：9.5　　　　　　　　2015 年 7 月第 1 版
　　字数：194 千字　　　　　2021 年 1 月北京第 3 次印刷

定价：49.80 元

读者服务热线：(010)81055256　印装质量热线：(010)81055316
反盗版热线：(010)81055315

　　本书介绍了中西方各时期建筑风格的特色和更迭，并详细展示了各种风格的代表作品，讲解翔实，举例极为丰富。从艺术特色来看，涉及艺术、建筑和历史，有很强的教育性和可读性。建筑艺术是一门独特的语言，也是综合性很强的学科，所涵盖的绘画艺术和雕塑艺术风格流派与其他学科，如图案设计、服装设计、平面视觉艺术等融会贯通，具有文化价值与审美价值。了解建筑风格，能帮助读者提高艺术修养和综合职业能力，通过"中外建筑风格分析"这个窗口吸取灵感，去陈创新，因此，本书可作为艺术通用读本。

　　本书侧重于建筑风格的案例分析，内容包括基础理论篇（对中西方古代至近代建筑的背景分析），实训篇（按年代顺序对中西方建筑进行实例分析，并针对国内室内设计师对建筑风格的理解，以实例解析各类建筑风格在室内设计中的实际运用，并以图文说明），欣赏篇（将西方、东方与中国的优秀建筑案例囊括其中）。本书文字叙述简明扼要，图文并茂，针对性强，是从事艺术设计的读者在学习和做项目设计时可参考的优秀图书。

　　本书吸取了传统教材的优点，考虑了建筑学与艺术类院校学生的专业基础知识普及，对建筑风格的阐述语言通俗易懂，提高读者的建筑艺术审美情趣，提升读者的建筑艺术赏析能力，补充和完善读者的知识结构，对读者的人文品位、艺术修养和情感的陶冶等，具有重要价值，可作为高等院校的专业基础教材使用。

　　本书的参考学时为62～102学时，建议采用理论知识讲解与图片、影片鉴赏讨论相结合的教学模式，各项目的参考学时见下面的学时分配表。

前言

P　E　F　A　C　E

学时分配表

篇 / 节		课程内容	学　时
第 1 篇　基础理论篇		中西方建筑史简介	6 ～ 12
第 2 篇 实训篇 中西方 建筑风 格分析	2.1	西方古代建筑形式	6 ～ 8
	2.2	西方古代中期建筑形式	6 ～ 12
	2.3	西方文艺复兴时期的建筑形式	6 ～ 8
	2.4	西方古代晚期建筑形式	8 ～ 10
	2.5	西方近代建筑形式	4 ～ 6
	2.6	中国古代建筑形式	6 ～ 12
	2.7	中国近代建筑形式	6 ～ 12
	2.8	几种东方传统建筑形式	6 ～ 12
第 3 篇　欣赏篇		中西方建筑风格欣赏	6 ～ 8
课程考评			2
课时总计			62 ～ 102

　　本书由梁莺歌提出大纲并筹划，刘浪负责配图、统稿，由梁莺歌最后完成。其中梁莺歌撰写了第1篇基础理论篇和第2篇实训篇，刘浪撰写了第3篇欣赏篇。为本书提供图稿的人员有刘浪、姜雪莲、刘镇、张雨时、王威、滑玉。

　　由于编者水平和经验有限，书中难免有欠妥和错误之处，恳请读者批评指正。

梁莺歌　刘　浪

2015年2月

目　录
CONTENTS

▶ 基础理论篇：中西方建筑史简介

▶ 实训篇：中西方建筑风格分析

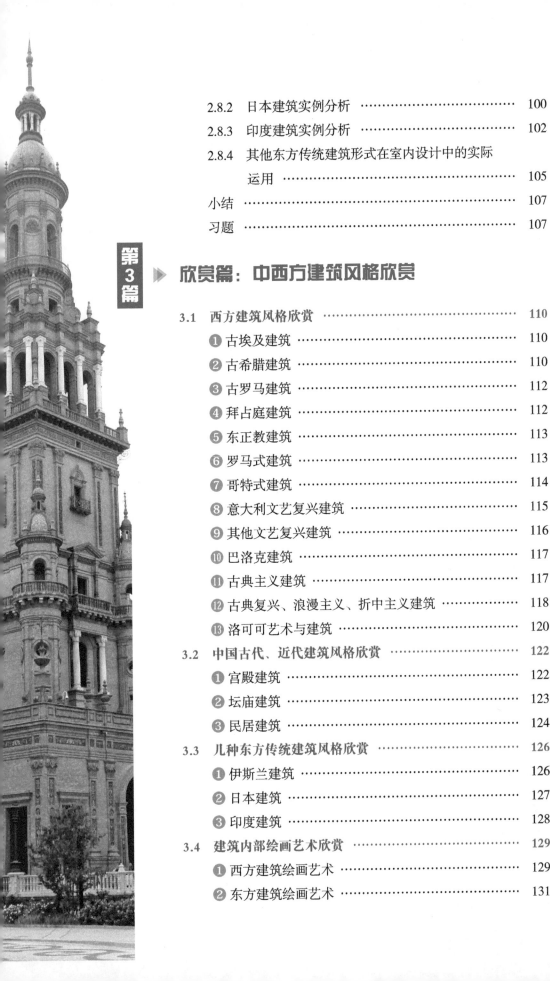

第3篇 ▶ 欣赏篇：中西方建筑风格欣赏

第①篇

基础理论篇

中西方建筑史简介

　　本篇讲解各个时期的建筑历史背景以及建筑特点、代表作品，包括西方古代建筑的发源地、文艺复兴的背景、巴洛克建筑的风格与特征、洛可可艺术与建筑特征、东方传统建筑形式等部分，主要综合考察和概述中外建筑史的概貌和各重要历史时期的建筑特点，以及优秀建筑实例，从而了解建筑的发展规律。

学习中外建筑风格分析的建议

建筑是一门综合艺术，它与人类的精神层面和物质生活的方方面面有着太过密切的联系，以致我们不能想象没有深厚的知识底蕴和敏锐的视觉感知力的人能设计出好的作品。

学习外国建筑史使我们认识到一个好的设计师是同时具备艺术细胞和文化史底蕴的。而在我国，人们经常忽略建筑与雕塑、绘画等视觉艺术的关系。为了更好地理解建筑现象，我们应联系到视觉艺术领域之外的种种文化史的因素，如地理环境、民风民俗、哲学宗教、文学音乐、经济政治制度等方面，综合思考以上因素对于建筑的种种影响。

作为将要从事建筑或者室内设计的从业人员或学生，不仅要熟悉中外建筑设计，懂得分析和欣赏优秀的作品，同时还要加深文化艺术修养，开阔视野，增强专业发展的延续性。通过对中外建筑设计的欣赏、分析、比较与借鉴，可以广泛获取有益的启迪与灵感，合理地运用到实际项目当中，做到有据可依，充分发挥设计创意。

1.1 西方古代建筑的发源地

建筑，承载着历史的沧桑，就像一部活着的史书。一座建筑，除了它的基本功能外，它甚至可以成为一个国家、一个民族的象征，它体现了当时的文化与艺术涵养。一座建筑本身就是一个故事。

说起建筑的发源地，必须要提及几大文明发源地。

1.1.1 古埃及

古埃及处于尼罗河谷，土壤肥沃，石材丰富，是几千年的农业社会。

主要特点：古埃及建筑反映了古埃及人信奉神灵的文化。

代表建筑类型：陵墓、神庙。

代表建筑：

胡夫金字塔——埃及法老的陵墓，被誉为世界八大奇迹之一，象征着古埃及人民的

胡夫金字塔

卢克索神庙

智慧。

卢克索神庙——神庙的柱式代表了西方建筑语言的雏形。

1.1.2 古希腊

古希腊是欧洲文化的发源地，古希腊建筑是欧洲建筑的先河。

古希腊建筑是一切艺术的研究起点，它包含了古希腊人的审美观念、雕刻艺术。古希腊建筑是人类发展历史中的伟大成就之一，给人类留下了不朽的艺术经典之作。其建筑语汇深深地影响着后人的建筑风格，它几乎贯穿在整个欧洲两千年的建筑活动中，无论是文艺复兴时期、巴洛克时期、洛可可时期，还是集体主义时期都可见到古希腊语汇的再现。

主要特点：古希腊建筑体现了和谐、单纯、庄重和布局清晰。

代表建筑类型：神庙。

神庙建筑是古希腊乃至整个欧洲影响最深远的建筑。古希腊建筑史上产生了帕特农神殿、宙斯祭坛（帕加马）这样的艺术经典之作。

代表建筑：

帕特农神庙——古希腊全盛时期建筑与雕刻的主要代表，有"希腊国宝"之称，是古希腊雅典娜女神的神庙，兴建于公元前5世纪的雅典卫城。

帕特农神庙

宙斯祭坛——当时帕加马王国的欧迈尼斯二世为颂扬对高卢人的胜利于公元前180年前后建造的，建筑平面为U字形，上层是爱奥尼亚式的柱廊，柱廊下为高约6米的台座。台座上部刻有1条巨大的高浮雕壁带，浮雕带的内容是表现古希腊众神与巨人的战斗，象征着帕加马对高卢人的胜利，充满了动势突出的形象和激烈紧张的气氛。

宙斯祭坛

1.1.3　古罗马

如果说，古希腊的建筑为今后欧洲建筑的千百年发展奠定了基础，那么古罗马的建筑则体现了对不同文化的包容。

古罗马建筑承载了古希腊文明中的建筑风格，又是对古希腊建筑的一种发展。古罗马的建筑受古希腊建筑影响最深，罗马时期还发展出了自己的一种混合柱式，都来源于希腊柱式。

主要特点：罗马建筑与其雕塑艺术大相径庭，建筑一般以厚实的砖石墙、半圆形拱券、逐层挑出的门框装饰和交叉拱顶结构为主要特点，以建筑的对称、宏伟而文明世界。

代表建筑类型：神庙、凯旋门、剧场、广场。

古罗马建筑的类型很多。有罗马万神庙和君士坦丁凯旋门，以及巴尔贝克太阳神庙等宗教建筑，也有皇宫、剧场、角斗场、浴场以及广场和巴西利卡（长方形会堂）等公共建筑。

代表建筑：

君士坦丁凯旋门——建于公元312年，是为了纪念君士坦丁大帝击败马克森提皇帝统一罗马帝国而建。凯旋门上方的浮雕板是当时从罗马其他建筑上直接取来的，它上面所保存的罗马帝国各个重要时期的雕刻，是一部生动的罗马雕刻史。

君士坦丁凯旋门

1.2 拜占庭建筑艺术史略

公元395年，以基督教为国教的罗马帝国分裂成东罗马帝国和西罗马帝国。史称东罗马帝国为拜占庭帝国，其统治延续到15世纪，1453年被土耳其人灭亡。东罗马帝国的版图以巴尔干半岛为中心，包括小亚细亚、地中海东岸和北非、叙利亚、巴勒斯坦、两河流域等，建都君士坦丁堡。拜占庭帝国以古罗马的贵族生活方式和文化为基础。由于贸易往来，使之融合了阿拉伯、伊斯兰的文化色彩，形成独特的拜占庭艺术。

主要特点：拜占庭建筑是在继承古罗马建筑文化的基础上发展起来的，同时，由于地理关系，它又汲取了波斯、两河流域、叙利亚等东方文化，形成了自己的建筑风格，具有鲜明的宗教色彩，其突出特点是屋顶的圆形。

代表建筑类型：教堂。

拜占庭建筑对后来俄罗斯的教堂建筑、伊斯兰教的清真寺建筑都产生了积极的影响。

代表建筑：

哈尔滨圣索菲亚大教堂——位于哈尔滨市内，建于1932年，是远东地区最大的东正教堂，是拜占庭式建筑的典型代表。

哈尔滨圣索菲亚大教堂

1.3 文艺复兴的背景

西欧的中世纪是个特别"黑暗的时代"。基督教教会成了当时封建社会的精神支柱，它建立了一套严格的等级制度，把上帝当作绝对的权威，所有的文学、艺术都得按照基督教的经典《圣经》的教义，谁都不可违背；否则，宗教法庭就要对他进行制裁，甚至处以死刑。在教会的管制下，中世纪的文学艺术死气沉沉，文艺复兴、科学技术也没有什么进展。

中世纪的后期，资本主义萌芽在多种条件的促生下，于欧洲的意大利首先出现。资本主义萌芽是商品经济发展到一定阶段的产物，商品经济是通过市场来运转的，而市场上择优选购、讨价还价、成交签约，都是斟酌思量之后的自愿行为，这就是自由的体现。此时意大利呼唤人的自由，资本主义萌芽的出现也为这场思想运动的兴起提供了可能。城市经济的繁荣，使事业成功、财富巨大的富商、作坊主和银行家等更加相信个人的价值和力量，更加充满创新进取、冒险求胜的精神，多才多艺、高雅博学之士受到人们的普遍尊重。这为文艺复兴的发生提供了深厚的物质基础和适宜的社会环境。在古希腊和古罗马，文学艺术的成就很高，人们也可以自由地发表各种学术思想，和"黑暗的时代"中世纪是个鲜明的对比。

14世纪末，由于信仰伊斯兰教的奥斯曼帝国的入侵，东罗马的许多学者带着大批的古希腊和罗马的艺术珍品和文学、历史、哲学等书籍，纷纷逃往西欧避难。后来，一些东罗马的学者在意大利的佛罗伦萨办了一所叫"希腊学院"的学校，讲授古希腊辉煌的历史文明和文化等。这种辉煌的成绩与资本主义萌芽产生后人们追求的精神境界是一致的。

佛罗伦萨大教堂

主要特点：许多西欧的学者要求恢复古希腊和罗马的文化和艺术。这种要求就像春风，慢慢吹遍整个西欧。文艺复兴运动由此兴起。因此文艺复兴时期的建筑承袭了古希腊和罗马的建筑风格特点。

代表建筑类型：教堂。

代表建筑：

佛罗伦萨大教堂（Florence Cathedral）——意大利著名的天主教堂，位于意大利的佛罗伦萨，又名圣母百花大教堂，建于1296年，被誉为世界上最美的教堂，是文艺复兴时期的第一座标志性建筑。

1.4 巴洛克建筑的风格与特征

巴洛克建筑是17—18世纪在意大利文艺复兴建筑基础上发展起来的一种建筑和装饰风格。其特点是外形自由，追求动态，喜好富丽的装饰和雕刻、强烈的色彩，常用穿插的曲面和椭圆形空间。

"巴洛克"的原意是奇异古怪，古典主义者用它来称呼这种被认为是离经叛道的建筑风格。这种风格在反对僵化的古典形式、追求自由奔放的格调和表达世俗情趣等方面起了重要作用，对城市广场、园林艺术以及文学艺术方面都产生影响，一度在欧洲广泛流行。

主要特点：巴洛克建筑有豪华的特色，既有宗教的特色又有享乐主义的色彩；具有浓郁的浪漫主义色彩，非常强调艺术家的丰富想象力，极力强调运动，运动与变化可以说是巴洛克艺术的灵魂；很关注建筑的空间感和立体感；巴洛克建筑强调艺术形式的综合手段，例如在建筑上重视建筑与雕刻、绘画的综合，宗教题材在巴洛克艺术中占有主导的地位。

代表建筑类型：教堂。

代表建筑：

罗马耶稣会教堂——意大利文艺复兴晚期著名建筑师和建筑理论家维尼奥拉设计的罗马耶稣会教堂，是由手法主义向巴洛克风格过渡的代表作，被称为第一座巴洛克建筑。手法主义是16世纪晚期欧洲的一种艺术风格，其主要特点是追求怪异和不寻常的效果，如以变形和不协调的方式表现空间，以夸张的细长比例表现人物等。建筑史中则用来指1530—1600年间意大利某些建筑师的作品中体现前期巴洛克风格的倾向。

罗马耶稣会教堂

1.5 洛可可艺术与建筑特征

洛可可艺术是产生于18世纪法国的一种艺术形式。来源于法语rocaille，原意是"贝壳式"，引申含义指"像贝壳表面一样闪烁"。它最初是指建筑的某些样式以及室内陈设和装饰的样式，由于受到了当时法国国王路易十五的大力推崇，也被称为路易十五艺术风格。

法国洛可可风格（Rococo），是在巴洛克建筑的基础上发展起来的。洛可可本身倒不像是建筑风格，而更像是一种室内装饰艺术。建筑师的创造力不是用于构造新的空间模式，也不是为了解决一个新的建筑技术问题，而是研究如何才能创造出更为华丽繁复的装饰效果。它把巴洛克装饰推向了极致，为的是能够创造出一种超越真实的、梦幻般的空间。可以说，洛可可就像是奶油般甜得发腻的巴洛克艺术。

主要特点：室内应用明快的色彩和纤巧的装饰，家具也非常精致而偏于烦琐，不像巴洛克风格那样色彩强烈，装饰浓艳。德国南部和奥地利的洛可可建筑的内部空间非常复杂。

代表建筑类型：教堂、宫殿。

代表建筑：

洛可可风格反映了法国路易十五时代宫廷贵族的生活趣味，曾风靡欧洲。这种风格的代表作是巴黎苏俾士府邸公主沙龙和凡尔赛宫的王后居室。

巴黎恩瓦立德新教堂——17世纪法国最完整的典型的古典主义建筑，巴黎市内最大的教堂之一。

恩瓦立德新教堂

1.6 西方近现代建筑形式

18世纪末，英国爆发了工业革命，随之美国、法国、德国等国家也先后开展了工业革命，从轻工业扩展到重工业，19世纪末西方国家步入了工业化社会，这个时期的工业革命对建筑产生了深远的影响。

主要特点： 由于建造工艺的发展，涌现了许多新材料、新设备和新技术，突破了传统建筑的高度和跨度局限，建筑设计有了更多的自由性，钢铁、混凝土和玻璃在建筑结构中被广泛使用。

代表建筑类型： 大型公共建筑。

代表建筑：

水晶宫——1851年建成的位于英国伦敦的水晶宫，是英国工业革命时期的代表性建筑，大部分为钢结构，外墙和屋顶都是玻璃，整个建筑宽敞、明亮、透明，但于1936年毁于火灾。它的建造，摒弃了古典主义的装饰风格，宣告了一种新的建筑美学：轻、透光、薄，开辟了建筑形式的新纪元。

继工业革命时期的代表作品还有建于1884年、坐落在法国巴黎塞纳河畔的埃菲尔铁塔和建于1889年的巴黎世界博览会机械馆。

英国伦敦的水晶宫

1.7 东方传统建筑形式

东方文明，尤其是中国古代文明，一直保持基本的结构和模式，并在历史上影响了包括日本、朝鲜等在内的整个东南亚地区及东北亚地区。中国古代文明是较为纯粹的东方文明，而中国古代建筑，也是较为纯粹的东方建筑。

中国古代建筑的主要特点：中国古建筑是中国灿烂历史的重要组成部分，以木结构为主，砖、瓦、石为辅材，从建筑外观上看，每栋建筑都由上、中、下三部分组成，上为屋顶，下为基座，中间是柱子、门窗和墙面，在柱子之上屋檐之下。中国古代建筑具有朴素淡雅的风格。古代工匠很早就能运用平衡、和谐、对称、明暗、轴线等设计手法，来达到美观的效果，重装饰，不重高层，布局多为横向模式。

代表建筑类型：宫殿、陵墓、庙宇、园林、民宅等。

代表建筑：

故宫——又名紫禁城，是明清两朝皇帝的宫廷，先后有24位皇帝在此居住过。

北京故宫太和殿的斗拱——由木块重叠或者排列组合的构件。这是以中国为代表的东方传统建筑所特有的构件，它既能承托屋檐与屋内的梁与天花板，又具有较强的装饰效果，传统木结构建筑的各个构件之间的结点，用榫卯相结合，构成了富有弹性的框架。

佛教传入中国后，出现了佛塔和楼阁，建筑艺术的加工手法丰富多彩，结构上雕梁画栋，色彩斑斓，楹联匾额，构成了绚丽的艺术成就。

山西应县木塔——建于辽清宁二年（公元1056年），金明昌六年（公元1195年）增修

故宫太和殿

故宫太和殿的斗拱　　应县木塔　　西安大雁塔

完毕，是中国现存最高最古的一座木构塔式建筑。

西安的大雁塔——建于唐代永徽三年（公元652年），玄奘法师为供奉从印度带回的佛像、舍利和梵文经典，在慈恩寺的西塔院建起一座砖仿木结构的四方形楼阁式塔。

南亚、东南亚地区建筑的主要特点：自古由于受印度文化、中国文化、阿拉伯文化的影响，南亚、东南亚地区文化存在多元性的特征。作为古老东方文明摇篮之一的印度古国，向中国及东南亚各国展开了强大的宗教宣传攻势，南亚、东南亚的能工巧匠们带着极大的宗教热忱，建造了许多举世闻名的宗教建筑。

代表建筑类型：陵墓、神庙。

代表建筑：

泰姬陵——不仅堪称莫卧儿建筑和印度伊斯兰建筑的典范，更被公认为世界建筑史上的奇迹之一。

泰姬陵

11

科纳达克太阳神庙

法隆寺

科纳达克太阳神庙——建于13世纪，是印度教的寺庙，位于印度东部奥里萨邦的科纳拉克村，濒临孟加拉湾。

日本古代建筑的主要特点：随着中国文化的影响和佛教的传入，日本建筑于公元539年开始采用瓦屋顶、石台基、彩白相映的色彩以及有举架、翼角和屋顶。

代表建筑类型：佛寺、塔和宫殿。

代表建筑：

法隆寺——全名为法隆学问寺，别名斑鸠寺，公元607年，推古天皇根据先帝用明天皇的遗命与圣德太子一起修建了法隆寺。建筑设计受中国南北朝建筑的影响，是日本现存最古老的建筑式样。

东方建筑的这些表现形式，虽然风格各异，各具特色，但都适合于不同地区的自然环境和风土人情，具有不同的建筑文化特征。

1.8 中国近代建筑简介

中国近代建筑的范围是1840—1949年，这个时期的建筑处于一个承上启下、中西交汇的过渡时期，是中国建筑发展史上的重要阶段。

主要特点：中国近代建筑分为两大体系：旧建筑体系与新建筑体系。旧建筑体系延续了原有的传统建筑体系，沿袭了旧有的功能布局、技术体系和风格面貌，局部出现变化，多用于民宅。新建筑体系指从西方引进的新型建筑，不同程度地渗透着中国特色。

中国近代建筑的主流是新建筑体系，从鸦片战争时期开始，西方近代建筑传入中国，欧洲列强在中国的各国租界大批建造各种风格的建筑。

代表建筑类型：领事馆、洋行、住宅、饭店、教堂。

代表建筑：

除了领事馆、洋行、住宅、饭店等，内地还开始出现西方宗教建筑——教堂，建筑风格多为古典式。

哈尔滨老站——19世纪90年代后，欧洲列强纷纷在中国设立银行，办工厂，开矿山，争夺铁路修建权，火车站建筑渐渐出现了。"一战"时期，中国的轻工业、商业、金融业都有了长足发展。这个时期的居住建筑、公共建筑和工业建筑都有了一定规模。新型材料和生产力有了初步发展，出现了较多的砖混结构建筑，初步使用了钢筋混凝土结构。中国有了第一批在国外学习建筑设计的建筑师。

20世纪20—30年代，中国近代建筑

上海法国领事馆（清）

上海怡和洋行

武康路2号（住宅）

和平饭店

徐家汇天主教堂

哈尔滨老站

事业繁荣发展，上海、天津、北京等大城市建造了一批近代化水平较高的高楼大厦，这个时期的上海出现了28座10层以上的高层建筑，一部分建筑在设计和设备上已经接近当时国外的先进水平。留洋归国的建筑师在国内成立了中国建筑师事务所，在中等和高等学府中设立建筑专业，引进和传播发达国家的建筑技术和思想。1927年成立了中国建筑师学会和上海市建筑协会，中国有了首本建筑学术的专业刊物《中国建筑》和《建筑月刊》，成立了由建筑学家梁思成、刘敦桢领衔的中国建筑学术研究团体——中国营造学社。

中国近代建筑在这一阶段，结合中国实际创作出一些具有中国特色的近代建筑。

1.9 中国建筑走向现代

1949年后，中国进入了经济恢复阶段。

主要特点：这时期的中国建筑设计的原则是实用、经济，在可能的条件下注意美观。这个时期的建筑显示出了活力，建筑设计作品注重功能，建筑标准切合国情，风格现代。主要有以下几类：

（1）以大屋顶为主要特征的民族形式建筑；

（2）具有少数民族色彩的民族形式建筑；

（3）结合地方和民间传统探索民族形式的建筑；

（4）结合新功能要求探索民族形式的建筑。

代表建筑类型：居住建筑、行政用房、文化教育、生活福利建筑和大型公共建筑。

代表建筑：

第一个五年计划时期（1953—1957年），中国的建筑规模在历史上是空前的。这个时期的工业建筑设计与施工队伍基本形成，技术和管理水平有很大提高，设计开始注重功能和经济的关系，在建筑形式上有了新的探索。

北京友谊宾馆——建于1954年9月，前身是国务院西郊招待所，是集旅游、商务、会议、长住为一体的四星级园林式酒店。建筑古朴典雅，具有浓郁的中华民族特色。

中国伊斯兰教经学院——中国伊斯兰教协会主办的全国性伊斯兰教高等专业学校，1955年成立，位于北京牛街地区南横西街103号。主楼建筑形式有浓郁的阿拉伯建筑艺术特点。

上海虹桥公园鲁迅纪念馆——位于上海市虹口区四川北路2288号鲁迅公园内。1951年筹建，1999年完成改扩建，是新中国第一座人物性纪念馆，是一座具有鲁迅故乡绍兴民居风格的建筑。

北京天文馆——始建于1955年，位于北京西直门外大街，是中国第一座天文馆。

为了迎接建国10周年，中央政府决定在北京兴建国庆工程，包括的建筑有：人民大会堂、中国历史博物馆、中国革命博物馆、北京火车站、中国人民革命军事博物馆、北京工

北京友谊宾馆

中国伊斯兰教经学院

15

鲁迅纪念馆

北京天文馆

人体育场、全国农业展览馆、钓鱼台国宾馆等，这些建筑代表了当时设计和施工的最高水平，对全国的建筑创作具有重大影响。1964年1月，大型建筑设计工具书《建筑设计资料集》出版，至今仍受到建筑工作者的欢迎。

此后，我国在国际建筑工程领域发展迅速，至1976年，中国在国外的建筑工程多达213个，涉及国家48个，有些项目达到当时较高的设计水平，具有代表性的是斯里兰卡国际会议大厦。

斯里兰卡国际会议大厦又称班达拉奈克国际会议大厦，1970年10月开工，竣工于1973年5月，位于科伦坡贝塔区中心地带，建筑宏伟，精美壮观，是该市标志性建筑之一。

大厦是由中国政府无偿援助斯里兰卡的项目，建筑材料大部分来自中国，建筑平面为八角形，外廊由48根白色大理石柱组成，外墙由轻巧的白色透空窗格与玻璃组成，富有热带地区特色，被誉为"中斯友谊的象征"。

从1973年起，中国各地建筑师也创作出不少佳作，如北京的友谊商店、广州的白云宾馆、杭州的浙江体育馆、扬州鉴真纪念堂等，这些优秀的建筑都体现了中国建筑师的创新精神。

20世纪80年代末中国的建筑有了多元化的趋势，中国建筑工作者踏上了新的行程。

斯里兰卡国际会议大厦

第②篇
实训篇
中西方建筑风格分析

　　本篇通过鉴赏分析中外代表性建筑物：了解不同国家、不同时期建筑所呈现出的各自不同的风格特点，加深读者对建筑与设计之间关系的认识，阐述了风格与艺术、时代之间的关系。

本篇从西方古代建筑形式着手做建筑的细节分析，进行图文解说。随着时间的推移，逐渐步入西方中古时期的建筑风格、文艺复兴时期的建筑风格、西方古代晚期建筑风格、西方近代建筑风格，继而介绍东方传统建筑风格、中国古代建筑形式、中国近代建筑形式。引导读者将各种建筑风格运用到实际设计中。例如，通过学习欣赏拜占庭建筑风格，进而引用到拜占庭风格的室内设计中。本篇既有欣赏性，又具有实用性功能。

拜占庭风格建筑

拜占庭风格室内设计

2.1　西方古代建筑形式

2.1.1　古希腊的建筑实例分析

❶ 古希腊建筑简介

古希腊建筑是在古希腊文化的背景下形成的。古希腊文化受到古埃及、古西亚文化的影响，于公元前5世纪中叶达到高峰，古希腊建筑在这个时期形成规模。

古希腊人崇拜希腊神话中的神灵，因此，古希腊的建筑艺术美集中体现在神庙。当时的美学观点认为，人体的形态是最美

波塞冬神庙

帕特农神庙

伊瑞克先神庙

的。具有古希腊代表性的建筑有波塞冬神庙、帕特农神庙和伊瑞克先神庙。

❷ **古希腊建筑实例分析**

建筑案例：帕特农神庙

帕特农神庙，英文名：Parthenon Temple，建于公元前447年，是为歌颂雅典战胜波斯侵略者而建造。设计师是伊克底努（lctinus）和卡里克拉特（Callicrates），建筑雕刻由菲迪亚斯和他的学生完成。帕特农神庙是希腊众多神庙中规模最宏伟的，坐落在雅典卫城的最高处。

帕特农神庙用于供奉雅典的保护神雅典娜，她是希腊神话中的人物，是智慧女神，是雅典战神，她赐予人间法律，维护社会安定。

神庙建筑呈长方形，全长69.5米，宽30.8米，主要由白色大理石砌筑，有三级台阶，分前殿、中殿、后殿三部分。

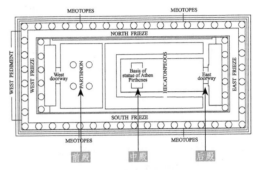

帕特农神庙平面示意图

建筑四周由多立克柱围合而成，正面朝东，背面朝西，各有8根柱子，柱高10.5米，最大直径2米，柱身刻有凹槽，南北两侧各有17根柱子，柱体简洁高雅，刚劲有力，下粗上细，给人稳定感。

帕特农神庙结构还原图

柱体上方是檐壁，呈带状纹样，雕刻着雅典娜节日人们游行的盛况。这条浮雕带绕行整个建筑一周，总长160米，被认为是希腊浮雕的杰作。第一次把普通公民的形象堂而皇之地列于庙堂之上。这种每隔4年举行一次的大游行从雅典西边的狄甫隆城区开始，然后经过陶区，穿过市场，最后登上卫城。由于历史的沉淀，帕特农神庙遭到破坏，檐壁部分现已残破不全。

柱体上方的檐壁和浮雕带

❸ **古希腊建筑特征分析**

（1）古希腊建筑代表性的特征之一——柱式。

谈到古希腊建筑，不得不提到建筑中的柱体形式，各种柱式代表不同的文化内涵。

①［多立克柱］：形态简洁，雄健有力，象征着男性美，柱高的比例是其直径的6倍。

②［爱奥尼柱］：纤巧苗条，柱头有卷涡纹装饰，柱体富有曲线美，象征着女性的柔美，柱高的比例是其直径的8～9倍。

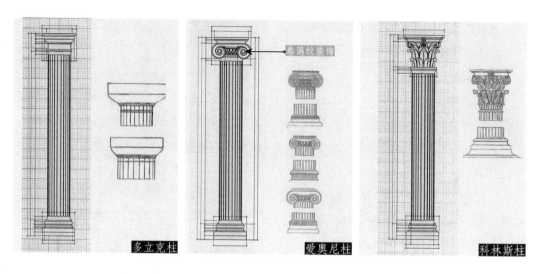

多立克柱　　　　爱奥尼柱　　　　科林斯柱

涡涡纹装饰

建筑结构中的山花造型

帕特农神庙的浮雕

柱廊

③［科林斯柱］：形式更加复杂，柱体更加修长，更能体现女性的美。

（2）古希腊建筑代表性的特征之二——山花：山花指的是屋顶两侧形成的三角形墙面。波塞冬神庙和帕特农神庙的建筑结构上都有山花的设计。

（3）古希腊建筑代表性的特征之三——浮雕：在石材平面上雕刻出凹凸起伏的图案，如帕特农神庙的檐壁，大量使用了浮雕技术，精美的雕刻技术令人叹服。

（4）古希腊建筑代表性的特征之四——柱廊：由柱与柱、顶盖围合而成，或有一侧墙体围合的，可供人行走的建筑形式。

2.1.2　古罗马的建筑实例分析

❶ 古罗马建筑简介

公元前6世纪，罗马建立了罗马共和国；随后不断扩张，成为罗马帝国。在这个时期，统治者大量建造角斗场、凯旋门、纪功柱。这些建筑从形式上大量继承了古希腊的建筑形式。古罗马建筑较古希

罗马斗兽场

君士坦丁堡凯旋门

罗马万神庙

腊建筑更为进步，体现在建筑材料的运用上，古希腊建筑材料多用石材，古罗马建筑材料使用了天然火山灰水泥做成混凝土构建代替石材。因此，结构形式上更为丰富。较为典型的古罗马建筑实例有罗马大斗兽场，君士坦丁堡凯旋门和万神庙。

❷ **古罗马建筑实例分析**

建筑案例：罗马斗兽场

罗马斗兽场，又名罗马竞技场（Colosseum），建于公元72年至82年之间，现仅存遗迹位于现今意大利罗马市的中心。它书写了一段极其野蛮、残酷的历史。古罗马人崇拜英雄，十分酷爱暴力和血腥，斗兽场的建立就是为了让贵族欣赏野兽与野兽、野兽与人、人与人之间的残酷搏杀。参与决斗的人大多是战俘和奴隶，决斗的结果是一方必须死亡。这种统治者与贵族之间的游戏持续了300多年，直到奴隶们爆发了著名的斯巴达克起义，历时2年多的起义虽然以失败告终，但对罗马的统治者和贵族予以了沉重的打击。

这座大建筑呈椭圆形，建筑平面形似跑道，是体育场地的最早的雏形，由巨石和红砖砌成，占地面积为7万平方米，周长527米，建筑整体高度为57米。

建筑内部有60排阶梯形的观众席，按等级分为5个区域，最下面前排是贵宾（如元老、长官、祭司等）区，第二层供贵族使用，第三区是给富人使用的，第四区由普通公民使用，最后一区则是给底层妇女使用，全部是站席。建筑内部中央是表演区。

斗兽场的看台用3层混凝土制的筒形拱筑构，每层有80个拱，形成3圈不同高度的环形券廊（即拱券支撑起来的走廊），最上层则是50米高的实墙。看台逐层向后退，形成阶梯式坡度。每层的80个拱形成了80个开口，最上面两

椭圆形平面

椭圆形的建筑平面

观众席

建筑内部

建筑外立面的不同柱式

建筑外立面的第4层

层则有80个窗洞。观众们入场时就按照自己座位的编号，首先找到自己应从哪个底层拱门入场，然后再沿着楼梯找到自己所在的区域。观众很容易找到自己的座位。这种设计一直延续至今，古罗马人的智慧可见一斑。

斗兽场的外围分为4层，下面3层是连续拱券结构，最上面1层是外墙。拱券与拱券之间设计有倚柱，一为结构所需，二为竖向柱体增加建筑的向上美感。每层的柱子的形式不一样，依下而上，分别是塔斯干柱、爱奥尼柱和科林斯柱。不同的柱式丰富了建筑的细节。

第4层由方柱和长方形的窗口组成，其功能是可以悬挂天篷为观众遮风挡雨。

如此庞大的建筑，建筑形式却如此丰富多彩，从外观上看竞技场宏伟凝重，沉淀着历史的痕迹，宣扬着古罗马建筑达到的高度。

❸ 古罗马建筑特征分析

古罗马建筑的主题是赞美英雄，所以建筑形式尽可能地宏伟壮观。

（1）[拱券]：拱券结构是古罗马建筑中最大的特色，体现了当时的建筑工匠的独特创新精神。为建构巨大的建筑打下坚实的结构基础。

（2）[古罗马建筑的5种柱式]：古罗马人喜爱古希腊的柱子，在其原有的3种柱式的基础上又创新了2种柱式，并把拱券和多种柱式结合，丰富了建筑的表现形式。

① [塔斯干柱]：去掉古希腊的多立克柱身上的凹槽，改为光滑的柱身。

② [组合式柱]：把科斯林柱式的柱头改成爱奥尼式的柱头。

③ [罗马多立克柱]：在古希腊多立克柱的下端增加柱座，柱头上增加一圈环形装饰。

④ [罗马爱奥尼柱]：与古希腊爱奥尼柱一样。

⑤ [罗马科林斯柱]：与古希腊科林斯柱一样。

建筑中的拱券结构

2.1.3　西方古代建筑形式在室内设计中的实际运用

❶ 古希腊建筑风格在室内设计中的实例

古希腊艺术风格的特点主要是和谐、完美、崇高。而古希腊的神庙建筑则是这些风格特点的集中体现者，古希腊的"柱式"、山花、浮雕等艺术语言，具有极强的艺术美感。

案例分析一：典雅的希腊式风格

（1）古希腊柱式在室内设计中的运用。

帕特农神庙的柱子

客厅空间的柱体装饰

（2）古希腊浮雕在室内设计中的运用。

帕特农神庙的浮雕局部

室内软装设计中运用到希腊浮雕挂画

（3）古希腊圆雕在室内设计中的运用。

伊瑞克先神庙的希腊侍女雕像

公共室内空间中圆雕的使用

案例分析二：宏伟的古罗马风格

古罗马风格的特色是豪华、宏伟，拱券造型是其特色，拱券与罗马柱式的结构富有装饰性，形成了西方室内设计的鲜明特征。万神庙的巨大穹顶，给室内设计带来更多的灵感。

（1）古罗马拱券在室内设计中的运用。

罗马竞技场的拱券　　　　室内设计中过廊的拱券与柱体运用

（2）古罗马的穹顶在室内设计中的运用。

万神庙的巨大穹顶　　　　公共空间设计的顶棚设计

▶ **小结**

本节通过部分室内设计案例，通过建筑元素的对比，分析了古希腊和古罗马的建筑风格在室内设计中的详细运用。

引导读者读懂古希腊和古罗马的建筑特色，懂得区分两种之间的共性和个性。

室内设计中将西方装饰风格统称欧式风格，但欧式风格分不同时期不同国家的元素而定，有其细节的细分。作者将在以下章节中就欧式风格继续做详解。

习题

1. 古希腊建筑有哪些风格特征?
2. 古罗马建筑有哪些风格特征?
3. 古希腊和古罗马建筑有哪些相同点和不同点，请举例说明。
4. 请列举几个古希腊和古罗马风格的建筑，并加以分析说明。
5. 谈一谈古希腊和古罗马风格建筑与室内设计之间的联系，并举例说明。

2.2 西方古代中期建筑形式

2.2.1 拜占庭建筑实例分析

❶ 拜占庭建筑简介

公元395年，古罗马帝国分裂成东罗马和西罗马，公元479年，西罗马灭亡，定都在君士坦丁堡的东罗马逐渐强大，被称为拜占庭帝国。1453年，土耳其人攻陷君士坦丁堡，将其更名为伊斯坦布尔，古罗马灭亡。政治动荡，基督教中的天主教和东正教加强对人们精神的统治，宗教建筑在6世纪中叶被推上了顶峰。以圣索菲亚大教堂和圣马可大教堂为代表的拜占庭建筑，外观粗犷、简朴，内部装饰却精美绝伦。

圣索菲亚大教堂

圣马可大教堂

❷ 拜占庭建筑实例分析

建筑案例：圣索菲亚大教堂

圣索菲亚大教堂是拜占庭历史上最伟大的建筑，始建于公元523年，坐落在土耳其的

圣索菲亚大教堂的内部装饰

柱头雕刻成透雕的效果

玻璃马赛克装饰

耶稣基督的画像

君士坦丁堡，原址建立在一座旧教堂的遗址上，离海域很近。

该建筑平面呈长方形，内殿东西长77米，南北宽71.7米，连廊总长100米，中间有一个高达55米的中央穹顶，穹顶直径32.6米。

圣索菲亚大教堂的内部装饰非常精彩。

具体特点如下。

（1）柱墩和镜面全部用彩色大理石贴面。

（2）柱头使用镶金箔的白色大理石，工匠们将柱头雕刻成透雕的效果。

（3）穹顶和拱顶用玻璃马赛克装饰。

阳光通过穹顶的效果

（4）穹顶中央镶拼有耶稣基督的画像。

（5）阳光通过穹顶进入室内，烘托出安详宁静的宗教效果。

❸ **拜占庭建筑特征分析**

拜占庭建筑显著的特征在于穹顶（dome）、帆拱（pendentive）以及装饰得华丽威严的内部空间。

（1）[穹顶与帆拱的结合]：拜占庭式建筑对欧洲建筑发展的主要成就是创造了把穹顶支承在4个或者更多的独立支柱上的结构和相应的集中式建筑形制，充满了结构的美感。

穹顶与帆拱的结合

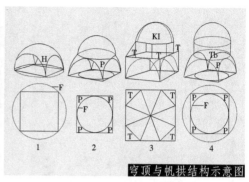

穹顶与帆拱结构示意图

透雕

教堂内的镶嵌画

（2）［透雕］：透雕是一种雕塑形式，在浮雕作品中，保留凸出的物像部分，而将背景部分进行局部或全部镂空。

圣索菲亚大教堂内的透雕柱头形式是透雕中的镂空雕工艺，柱头纹样多为忍冬草。

（3）［镶嵌画］：建筑内常常大量采用镶嵌画，即使用陶片、贝类、碎石等嵌于墙壁、地面或室内屋顶，构成图画或图案。因为拜占庭式建筑门窗通常狭小，室内光线很暗，如用镶嵌画作为装饰，可借贝类、碎石、陶片等的反光，增加室内亮度，又因多用鲜艳色彩，室内可因各种色彩光线的反射，产生一种神秘及多彩的宗教气氛。

2.2.2 东正教建筑实例分析

❶ 东正教建筑简介

1054年，基督教会发生分裂，形成了以君士坦丁堡为中心的东正教和以罗马为中心的天主教。东正教又称为正教、希腊正教、东方正教，主要是指依循由东罗马帝国（又称"拜占庭帝国"）所流传下来的基督教传统的教会，它是与天主教、基督新教并立的基督教三大派别之一，"正教"的希腊语（Orthodxia）意思是正统。如果以"东部正统派"的主要的和狭义的定义来分，"东部"教会里人数最多的教会是俄罗斯正教会和罗马正教会。而欧洲正教会（不分东西边）最古老的则是希腊正教会。

随着东正教的传播，拜占庭艺术在俄罗斯繁衍下来，东正教的建筑主要是教堂，有几种形状。每种形状都有一种特殊的神秘的意义，而每间教堂一般都只采用一种形状。最常

圣玛利亚教堂

圣瓦西里大教堂

用的是椭圆形或矩形，模仿船的形状。罗马与俄罗斯的东正教教堂各有特色。相同的是东正教教堂的葱头圆顶，如圣玛利亚教堂和圣瓦西里大教堂。

❷ 东正教建筑实例分析

建筑案例：圣瓦西里大教堂

圣瓦西里大教堂（Saint Basil's Cathedral）诞生于1555年。俄罗斯历史上第一位沙皇伊凡雷帝加冕，并在莫斯科红场建造了圣瓦西里大教堂，纪念这个辉煌的时刻。

建筑外墙立面由红砖砌成，线脚和窗框用白色石头砌成。整个教堂呈长方形地基，由9个有洋葱头穹顶的礼拜堂组成，最高的穹顶约高46米，其他8个穹顶高低不一。

洋葱头的颜色由金、绿、黄三色组成，每个穹顶的形式有区别，装饰有花瓣和各种花纹，色彩明快富有美感，它是拜占庭艺术与俄罗斯建筑的完美结合。

❸ 东正教建筑特征分析

（1）[洋葱头]：教堂的葱头圆顶数量均出自《圣经》故事，3头、5头、13头，各有其说法和依据。俄罗斯大教堂葱头最多的达到33个，象征耶稣在人间生活的33个月。

（2）[建筑色彩斑斓]：穹顶的颜色以金、绿、黄三色组成，装饰有花瓣和各种花纹，色彩明快富有美感。

色彩绚丽的穹顶

2.2.3 罗马式建筑实例分析

❶ 罗马式建筑简介

罗马式建筑（Romanesque architecture）是10—12世纪，欧洲基督教流行地区的一种建筑风格。罗马式建筑原意为罗马建筑风格的建筑，又译作罗马风建筑、罗曼建筑、似罗马建筑等。罗马式建筑风格多见于修道院和教堂，是10世纪晚期到12世纪初欧洲的建筑风格，因采用古罗马式的券、拱而得名。多见于修道院和教堂，给人以雄浑庄重的印象。对后来的哥特式建筑影响很大。罗马式建筑有亚琛大教堂、圣塞尔南教堂、比萨主教堂等。

亚琛大教堂

圣塞尔南教堂

比萨大教堂

❷ 罗马式建筑实例分析

建筑案例一：比萨大教堂

比萨大教堂（Pisa Cathedral）建于1063年，是意大利典型的罗马风格的基督教教堂，位于意大利中部的托斯卡纳地区的比萨古城中，设计者是雕塑家布斯凯托·皮萨谨。

教堂的建筑平面呈长方形的拉丁十字形，外墙用红白相间的大理石砌成，色彩鲜明。建筑长95米，纵向排列着4排科林斯式圆柱，共有68根。

比萨大教堂呈长方形的拉丁十字形

比萨大教堂的科林斯式圆柱

比萨大教堂正面高约32米，底层入口处有3个大铜门，上面有描述圣母和耶稣生平事迹的各种雕像，大门上方是4层连列券柱廊，具有典型的罗马风格，逐渐堆砌成长方形、梯形和三角形。

建筑案例二：比萨洗礼堂

比萨洗礼堂是一座用大理石建造的圆形建筑，直径有39米，总高有53米，建于1153年，位于比萨大教堂的正对面。

4层廊柱

大铜门

比萨大教堂的正门

比萨洗礼堂的外墙装饰

洗礼堂的外墙墙面装饰华美，一圈精致的尖拱券环绕着红色的中央大圆穹顶。第一、二层是典型的罗马式拱券连廊，由于洗礼堂在哥特时期经历过改建和装修，因此第三、四层是哥特式的尖拱券廊，拱券做工精致，体现了这座建筑的雍容和华贵。

建筑案例三：比萨斜塔

比萨斜塔（Leaning Tower of Pisa）是意大利比萨城大教堂的独立式钟楼，位于比萨大教堂的右后侧，由著名建筑师那诺·皮萨诺设计并主持施工。斜塔是比萨大教堂群建筑中的第三组工程，兴建于1173年。该塔有8层，高56米，塔顶的钟楼有7个钟，每个钟发出的声音都不同。

比萨斜塔

为什么是斜塔呢？原因是该塔建到第三层时，发现地基沉陷不均匀。当时的工程师想利用一边加高层的方法找补倾斜，结果沉陷更多。这座塔停停建建，终于于13世纪末全部建完。塔身偏离地面垂直线有5.2米，保存至今，成为世界建筑史上的奇迹之一。

比萨斜塔让世人慕名而来，有其独特的建筑魅力。第一，它的塔身是圆形的，是意大利境内唯一的圆塔；第二，它的塔身是白色的，由白色大理石砌成；第三，它是著名的物理学家伽利略做自由落体实验的场地；第四，钟楼的建筑装饰延续了比萨大教堂和洗礼堂风格，每层墙面加入了拱券与廊柱，姿态优美轻盈。

❸ 罗马式建筑特征分析

（1）[半圆形的拱券]：罗马式半圆形的拱券结构深受基督教宇宙观的影响，罗马式教堂在窗户、门、拱廊上都采取了这种结构，甚至屋顶也是低矮的圆屋顶。

（2）[柱廊]：列柱廊是立有圆柱的门廊，或者围绕在外墙周围的敞开的柱廊。

（3）[大圆穹顶]：技术处理方面，罗马式建筑的设计与建造都以拱顶为主，以石头的曲线结构来覆盖空间。

（4）[巨大的塔楼]：罗马式建筑的另一个创新是钟楼组合到教堂建筑中。从这时起在西方无论是市镇还是乡村，钟塔都是当地最显著的建筑。钟塔的建立在现实意义上是为了召唤信徒礼拜，但是在战争频繁时期也常兼作瞭望塔用。

2.2.4　哥特式建筑实例分析

❶ 哥特式建筑简介

哥特式建筑（Gothic architecture），又译作歌德式建筑，是12世纪下半叶起源于法国，13—15世纪流行于欧洲的一种建筑风格，主要见于天主教堂。哥特式建筑以其高超的技术和艺术成就，在建筑史上占有重要地位。最负盛名的哥特式建筑有意大利米兰大教堂、德国科隆大教堂、英国威斯敏斯特大教堂、法国巴黎圣母院等。

意大利米兰大教堂

英国威斯敏斯特大教堂

法国巴黎圣母院

德国科隆大教堂

❷ 哥特式建筑实例分析

建筑案例：巴黎圣母院

建筑的历史背景：公元1159年，法国当时的主教莫里斯·德·苏利（maurice de sully）决定在西堤岛上建造媲美圣丹尼斯修道院的大教堂，便于1163年在教皇亚历山大的命令下开始兴建巴黎圣母院，由尚·德·谢耶（Jean de chelles）和皮耶·德·蒙特厄依（Pierre de Mantreuill）两位知名的建筑师所设计，于1354年完工，成为国王的加冕场地。

巴黎圣母院是著名的天主教堂，坐落在巴黎塞纳河中央的赛得岛上。这是一座典型的较早时期建造的哥特式建筑。法国著名作家雨果形容巴黎圣母院的名言："它是巨大石头的交响乐。"这

巴黎圣母院的石材

尖塔

巴黎圣母院的尖塔

座建筑完全由石材建成。

　　该建筑所有的屋顶、钟楼、飞扶壁等部分的顶部，都采用了小尖塔做装饰。

　　巴黎圣母院的正面构图严谨对称，正对面有一对钟塔，看上去十分雄伟庄严。它被壁柱纵向分隔成3大块，3条装饰带又将建筑横向划分为3部分，共为3层。

　　建筑的第1层并排3个尖拱形门洞，中间的门洞名为"最后的审判"。中柱是天主耶稣在"世界末日"宣判每个人的命运；一边是"灵魂得救"者升入天堂；一边是罪人被推入地狱。

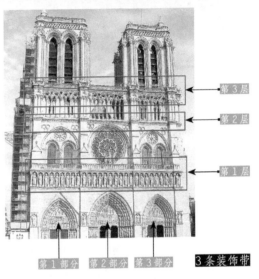
第3层
第2层
第1层
第1部分　第2部分　第3部分　　3条装饰带

　　左边的门洞名为"圣母门"。中柱雕刻有圣母圣婴像，拱肩画面表现了圣母的经历。

　　右边的门洞名为"圣安娜门"。中柱雕刻有5世纪巴黎教主圣马赛尔像，拱肩是圣母和两位天使，两旁是莫里斯·德·苏里主教和路易七世国王。

　　3个门洞之上是一条长长的壁龛，被称为"国王长廊"，排列着旧约时期28位君王的雕像。

　　建筑的第2层有一个圆形的大玫瑰窗，直径达10米。这个窗由美丽的玫瑰花瓣组成，放射性的图案十分美丽，但它却出于基督教的教义。法国艺术理论家丹纳在他的

拱门"最后的审判"
圣马赛尔像
国王长廊
长长的壁龛

《哲学艺术》中说："玫瑰花瓣连同它的钻石形的花瓣代表永恒的玫瑰，叶子代表一切得救的灵魂，各个部分的尺寸都相当于圣教。"窗下有圣母怀抱圣婴像，上面是一排雕花石柱。

第3层两边各有一座钟塔，钟塔由2个高耸的尖拱窗洞构成。

巨大的玫瑰窗

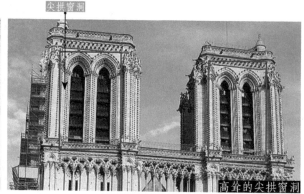

高耸的尖拱窗洞

❸ 哥特式建筑特征分析

哥特式建筑具有强烈的宗教性特征。

（1）[哥特式门窗]：门窗成尖拱，比圆拱更有积极向上的方向感。这种尖拱具有造型美，左右两个弧形对应，具有和谐美。

（2）[哥特式柱体]：柱体采用整根柱由几根柱子捆绑在一起的形式，柱体垂线感更为强烈，给人的感觉更加轻盈修长，符合哥特式建筑的尖耸感。

（3）[哥特式飞扶壁]：飞扶壁，用来抵抗水平力，自墙扶垛上升起，在穹窿开始处紧靠着高侧窗的支撑拱架。同时起到外墙的装饰作用。

（4）[哥特式拱肋]：多用十字交叉式或尖券六分拱肋。由此，大厅的顶部显得高耸而神秘。

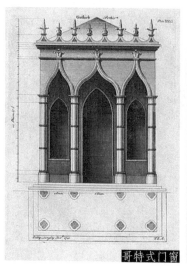

哥特式门窗

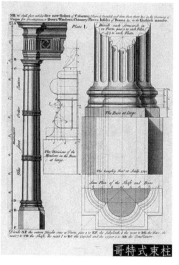

哥特式束柱

哥特式飞扶壁结构示意图

巴黎圣母院塔尖上的飞扶壁　　　　十字交叉拱肋

2.2.5　西方古代中期建筑形式在室内设计中的实际运用

❶ 拜占庭建筑风格在室内设计中的实例

拜占庭建筑风格在室内设计中的体现，主要是华美的装饰艺术和特殊的建筑结构（如穹顶）。它成为希腊和罗马古典艺术与后来的西欧艺术之间的纽带。拜占庭艺术融合了古典艺术的自然主义和东方艺术的抽象装饰特质。

案例分析：拜占庭艺术风格

（1）气势宏大的穹顶在室内设计中的运用。

圣索菲亚大教堂的穹顶　　　　巴黎老佛爷百货公司的穹顶

（2）精美的透雕艺术在室内设计中的运用。

圣索菲亚大教堂的柱头　　　　透雕在家具设计中的运用

（3）炫丽的马赛克艺术在室内设计中的运用。

拜占庭风格教堂内的马赛克壁画　金色的马赛克图案电视背景墙

❷ **哥特式建筑风格在室内设计中的实例**

哥特式艺术室内设计风格被广泛地传播开来。哥特式艺术是建立在前期罗马艺术风格之上的，主要表现形式为壁画、雕塑、泥金写本和绘画。

案例分析：华丽的哥特式风格

（1）华丽的装饰图案在室内设计中的运用。

巴黎圣母院大门的装饰纹样　装饰纹样在壁纸上的运用

（2）哥特式拱肋在室内设计中的运用。

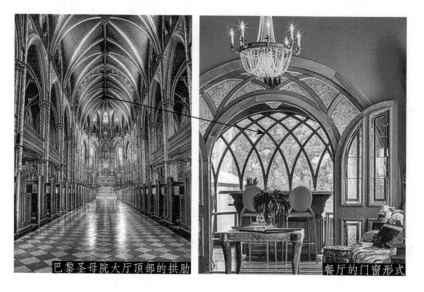

巴黎圣母院大厅顶部的拱肋　餐厅的门窗形式

（3）哥特式尖拱门窗在室内设计中的运用。

哥特式教堂的门窗形式　　　　客厅的门窗形式

（4）玫瑰窗在室内设计中的运用。

巴黎圣母院的玫瑰窗内部形式　　　室内软装陈设中灯具的形式

　　以上室内设计运用了哥特式风格的建筑元素，延续了哥特式略带神秘的美感和华丽的风格，是较为优秀的室内设计作品。

▶ 小结

　　本节主要分析了拜占庭建筑与哥特式建筑的风格和特征，利用一些较为典型的案例较为全面地介绍了拜占庭建筑中的穹顶、透雕、马赛克等特征，哥特式建筑中的外立面、门窗、建筑结构等特征，引导读者读懂拜占庭、哥特式建筑，并结合建筑对室内设计的实际运用做了较为详细的说明。

▶ 习题

1. 拜占庭建筑有哪些风格特征？
2. 哥特式建筑有哪些风格特征？
3. 罗马建筑有哪些风格特征？
4. 请列举几个哥特式风格的建筑，并加以分析说明。
5. 请谈一谈拜占庭式建筑风格与室内设计之间的联系，并举例说明。

2.3 西方文艺复兴时期的建筑形式

2.3.1 意大利文艺复兴建筑实例分析

❶ 文艺复兴建筑简介

文艺复兴建筑，是欧洲建筑史上继哥特式建筑之后出现的一种建筑风格。15世纪产生于意大利，后传播到欧洲其他各国，因此，形成了有各国特点的文艺复兴建筑。意大利文艺复兴建筑在文艺复兴建筑中占有最重要的位置，著名实例有佛罗伦萨大教堂、佛罗伦萨育婴院、圣彼得大教堂等。

❷ 意大利文艺复兴建筑实例分析

建筑案例：佛罗伦萨大教堂

建筑的历史背景：文艺复兴运动开始于14世纪，地点在意大利的佛罗伦萨和威尼斯等地区，产生了新兴的手工业和商业。文艺复兴的含义，就是古代学术的复兴，反对禁欲主义，提倡以"人"为中心。这个时期的意大利出现了许多艺术家，如精通建筑设计的雕刻家米开朗基罗和画家拉斐尔，被誉为"春潮"的建筑是在佛罗伦萨展开的。1420年，大修佛罗伦萨大教堂，建筑师鲁诺列斯基设计建造了一个巨大的教堂圆顶，后来的人民就以这个圆顶作为文艺复兴的符号。

佛罗伦萨大教堂（Florence Cathedral）是意大利著名的天主教堂，位于意大利的佛罗伦萨，又名圣母百花大教堂。建于1296年，被誉为世界上最美的教堂，是文艺复兴时期的第一个标志性建筑。

教堂的平面布局呈拉丁十字形状，长153米，宽达38米，教堂外部装饰华丽，用白色、粉色、绿色的大理石按照几何图案装饰，美丽的教堂将文艺复兴时期所推

佛罗伦萨大教堂

佛罗伦萨育婴院

圣彼得大教堂

佛罗伦萨大教堂近景

第2篇

实训篇：中西方建筑风格分析

崇的古典、优雅、自由诠释得淋漓尽致，整座建筑十分精美。

教堂右侧有一座85米高的钟楼，钟楼外墙用白色、绿色、粉色的花岗岩贴面，属于佛罗伦萨罗马式风格。

教堂边上有一座八角形的洗礼堂，礼堂大门上雕刻着著名的"天堂之门"，内容情节是《旧约全书》的故事。

天堂之门

佛罗伦萨钟楼   洗礼堂青铜大门

最负盛名的是教堂的八角形穹顶，它是世界上最大的穹顶之一，内径为43米，高30多米，穹顶中央有希腊式圆柱的尖顶塔亭，用于采光，连亭的高度是107米，巨大的穹顶依托在复杂的构架上，穹顶的下半部分由石头砌成，上半部分由砖块砌成，外墙由黑、绿、粉色大理石贴面，加上精美的雕刻、马赛克和石刻窗花。分内外两层，中间空心，这个穹顶建造历时14年，由意大利著名建筑师菲利普·布鲁内莱斯基设计。

黑、绿、粉色
大理石贴面

塔亭   教堂大穹顶

穹顶的基层部分呈八角形平面，基座以上的各面都开有圆窗，内部由8根主肋和16条间肋组成，受力均匀。穹顶内部在建成时没有做任何装饰，后来艺术家在里面画了壁画（《最后的审判》），并陈列了米开朗基罗的圣彼得雕像。

在这里，人们可以登上464级台阶到达穹顶内部，远眺佛罗伦萨的街景。

教堂大穹顶内图

佛罗伦萨的街景

这座穹顶建筑是文艺复兴时期独创精神的标志，无论在施工还是结构上，都代表着文艺复兴时期科学技术的进步，是文艺复兴时期早期的代表作，它把文艺复兴时期的屋顶形式和哥特式建筑风格完美结合。

❸ 文艺复兴建筑特征分析

文艺复兴时期的建筑，以文艺复兴思想为基础，在造型上改良了哥特式风格，提倡复兴古罗马时期的建筑形式。

（1）[穹顶]：建筑风格追求豪华，大量采用圆顶，外加很多精美的装饰。

（2）[半圆形拱券]：门和窗户多用方形或半拱形，不再用尖拱。

半圆形拱券

穹顶

（3）[古典柱式]：采用古希腊罗马时期的古典柱式与建筑风格相融合。

（4）[风格自然]：追求自由奔放的格调，在建筑物底层多采用粗凿的石料，故意留下粗糙的痕迹，门窗外部也采用这种做法。

（5）[色彩斑斓]：追求强烈的色彩、富丽的装饰，打破建筑与绘画的界限，使二者融为一体。

古典柱式　　风格自然　　色彩斑斓的建筑外立面

2.3.2　法国、德国、英国文艺复兴时期建筑实例分析

❶ 文艺复兴对法国建筑的影响

16世纪，受意大利文艺复兴建筑的影响，法国产生了文艺复兴建筑，法国的建筑由哥特式风格向文艺复兴过渡，特点是把文艺复兴建筑的细部装饰应用在哥特式建筑上，主要代表作有尚堡府邸、枫丹白露宫。

尚堡府邸　　枫丹白露宫

❷ 文艺复兴对英国建筑的影响

16世纪中叶，文艺复兴建筑在英国逐渐出现，其特点是哥特式建筑与意大利文艺复兴建筑细部相结合，主要体现在居住建筑以及室内装饰和家具陈设上，如大型的豪华府邸，府邸建筑包括塔楼、山墙、檐部、女儿墙、栏杆和烟囱，建筑四周一般布置形状规则的大花园，花园内部有前庭、平台、水池、喷泉、花坛、绿篱和灌木，与建筑组合成和谐的环

境。典型的案例有哈德威克府邸、白宫厅、霍华德府邸等。

哈德威克府邸

白宫厅

霍华德府邸

❸ **文艺复兴对德国建筑的影响**

从16世纪下半叶起，德国开始出现文艺复兴建筑，特点是在哥特式建筑上安装一些文艺复兴建筑风格的构建和建筑装饰，典型的案例如海德堡宫。

从17世纪开始，意大利建筑师逐渐把文艺复兴建筑带到德国，德国建筑师真正接受了文艺复兴建筑，并创造了具有民族特色的作品，代表作有不来梅市政厅。

在文艺复兴时期，各国的建筑类型、建筑形式都增多了，建筑师们在创作中吸取了文艺复兴的精粹，保留了本国建筑的风格，表现了具有民族特色的艺术风格。

海德堡宫

不来梅市政厅

2.3.3　西方文艺复兴时期的建筑形式在室内设计中的实际运用

❶ **文艺复兴风格在室内设计中的实例**

文艺复兴时期的室内陈设风格吸收了古罗马时期的奢华，加上东方和哥特式的装饰特点，并运用新的手法加以表现。

案例分析：

半圆形拱券

（1）半圆形拱券在室内设计中的运用。

（2）穹顶在室内设计中的运用。

佛罗伦萨育婴院的半圆形拱券

半圆形拱券在室内设计中的运用

第2篇

实训篇：中西方建筑风格分析

43

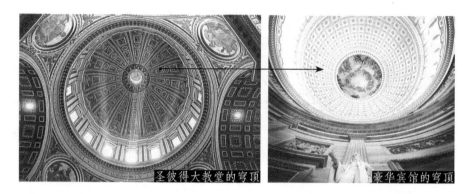

圣彼得大教堂的穹顶　　　　　　　　　豪华宾馆的穹顶

（3）自然风格在室内设计中的运用。

文艺复兴时期自然风格的外墙　　　　　自然风格的背景墙

（4）罗马柱在室内设计中的运用。

教堂门前的科林斯柱　　　科林斯柱在室内设计中的运用

▶ 小结

　　本节主要分析了意大利文艺复兴时期的建筑风格和特征，利用几个案例较为全面地介绍了文艺复兴建筑中的穹顶、半圆形拱券结构等特征在室内设计中的实际运用，并做了较为详细的说明。

▶ 习题

1. 意大利文艺复兴建筑有哪些风格特征？
2. 请列举几个文艺复兴风格的建筑，并加以分析说明。
3. 请谈一谈文艺复兴建筑风格与室内设计之间的联系，并举例说明。

2.4 西方古代晚期建筑形式

2.4.1 巴洛克建筑实例分析

❶ 巴洛克建筑简介

巴洛克风格，是继意大利文艺复兴后意大利的宫廷和宗教建筑产生的一种艺术风格。巴洛克风格表现在建筑、绘画、雕塑等方面，它是文艺复兴风格的延续和发展，但又区别于文艺复兴风格，追求变异、扭曲、离奇，但又不失庄重、富丽堂皇，具有贵族精神。受罗马教会影响，巴洛克建筑实例分布广泛，典型实例有罗马的圣卡罗教堂、德国的十四圣徒朝圣教堂、罗赫尔的修道院教堂。奥地利维也纳的舒伯鲁恩宫、西班牙圣地亚哥大教堂、意大利罗马的圣卡罗教堂、罗马耶稣会教堂、德国的维尔茨堡寝宫等。

（1）巴洛克风格典型建筑：圣卡罗教堂。

位于意大利的圣卡罗教堂始建于公元1638年，设计师是Francesco Borromini（波洛米尼），教堂建筑立面的平面轮廓为波浪形，中间隆起，基本构成方式是将文艺复兴风格的古典柱式，柱、檐壁和额墙在平面上和外轮廓上曲线化，同时添加一些经过变形的建筑元素，例如变形的窗、壁龛和椭圆形的圆盘等。这是一种与雕塑手法结合的建筑，整座教堂被看作一件雕像，在设计时做了大胆的处理。

（2）巴洛克风格典型建筑：维尔茨堡宫。

维尔茨堡宫位于德国历史名城维尔茨堡，于1719年建造。主要建筑设计师是诺伊曼，宫殿以凡尔赛宫为蓝本，建筑主体和两翼围成一个院子，面对开阔的广场，后面是一个漂亮的大花园，用喷泉、瀑布、台阶、植物、林荫小道组成各种景致。每年夏天在此举办莫扎特音乐节。宫内设皇帝厅、楼梯厅、庭园厅、白厅等，装饰设计水平很高，尤其是楼梯厅的设计充分利用楼梯多变的形体，组成既有变化又完整统一的空间，楼梯杆上装饰着雕像，天花壁画同雕塑相结合，运用巴洛克手法，色彩鲜艳，富有动态。宫内壁画系18世纪意大利著名画家提埃波罗所绘。

（3）巴洛克风格典型建筑：罗马耶稣会教堂。

德国的维尔茨堡宫

圣卡罗教堂

罗马耶稣会教堂

❷ 巴洛克建筑实例分析

建筑案例：罗马耶稣会教堂

建筑的历史背景： 17世纪的意大利盛行巴洛克建筑，建筑活动最活跃的地区当属罗马，全国的艺术家和建筑师都集中于此。当时人们大量兴建天主教堂，罗马的天主教堂最多，建筑师们开始了巴洛克时期。

罗马耶稣会教堂（Church of the Gesu）是第一座巴洛克风格的建筑，始建于1568年，由意大利文艺复兴晚期的建筑师维尼奥拉设计。

教堂的平面为长方形，由哥特式教堂的巴西利卡式演变而来，一端是突出的祭坛空间。内部装饰为巴洛克风格，奢华精致。

罗马耶稣会教堂内部装饰

罗马耶稣会教堂入口处

科林斯圆柱

教堂两侧的大旋涡装饰

山花

山花

山花

门窗装饰

大门两侧采用了倚柱和扁壁柱，都是双柱式样。中央入口采用古罗马科林斯圆柱，比扁壁柱更有凹凸感，强调中心入口。

教堂的外立面上部分两侧做了两对大旋涡，手法标新立异，富有美感，符合巴洛克式的扭曲离奇又富丽堂皇的风格。

教堂的门窗多用山花装饰，下半部用的是圆弧形，上半部用三角形装饰，教堂正门上方分层檐部分用三角形重叠在圆弧形的山花内。

注：山花指的是屋顶两侧形成的三角形墙面。

❸ 巴洛克建筑特征分析

巴洛克建筑的特点是外形自由、追求动感，富丽堂皇、庄严隆重又充满了生机和欢乐。

（1）[强调对称]：巴洛克风格的建筑强调对称感，外形庄重。

（2）[强调曲线]：巴洛克风格的建筑立面多用曲线、扭曲造型和纹样做装饰，产生华丽感。

（3）[双柱式]：巴洛克风格的建筑多用古希腊和古罗马的柱式做外墙装饰，多用双柱式样，产生凹凸感。

（4）[强调雕刻装饰]：建筑外部多用雕塑和浮雕，产生运动感，使立面造型更加丰富。

（5）[平面多元化]：建筑平面不再局限于巴西利卡式，根据地形地貌因地制宜设计平面，有圆形、椭圆形、梅花形等单一空间的殿堂。

注：巴西利卡是古罗马的一种公

共建筑形式，建筑平面呈长方向，外侧有一圈柱廊，主入口在长边，短边有耳室，采用条形拱券作屋顶。比萨大教堂是典型的巴西利卡建筑。

（6）[多用山花]：把古希腊和古罗马建筑上的山花多做变异和组合，装饰在门窗和屋檐处。

比萨大教堂

2.4.2 古典主义建筑实例分析

❶ 古典主义建筑简介

古典主义建筑风格来源于17世纪的法国，意大利的巴洛克风格传播到法国后，并没有停留多久，不久就转化为古典主义建筑风格，古典主义建筑风格延续了巴洛克风格的雄伟庄重，但在设计上更富有理性。法国古典主义建筑实例非常多，著名的建筑有法国巴黎的卢浮宫、凡尔赛宫、雄狮凯旋门、巴黎残废军人教堂，英国圣保罗大教堂等。

（1）古典主义典型建筑：卢浮宫。

法国古典主义建筑的代表作是规模巨大、造型雄伟的宫廷建筑和纪念性的广场建筑群。这一时期法国王室和权臣建造的离宫别馆和园林。

卢浮宫是法国最大的王宫建筑之一，位于首都巴黎塞纳河畔、巴黎歌剧院广场南侧。始建于1204年，历经700多年扩建重修达到今天的规模。分为新老两部分，老的建于路易十四时期，新的建于拿破仑时代。它是世界上最著名、最大的艺术宝库之一，是举世瞩目的万宝之宫。同时，卢浮宫也是法国历史最悠久的王宫。卢浮宫前的金字塔形玻璃入口，是华人建筑大师贝聿铭的设计作品。

（2）古典主义典型建筑：凡尔赛宫。

卢浮宫

凡尔赛宫位于法国巴黎西南郊，始建于1624年。1833年，奥尔良王朝的路易·菲利普国王才下令修复凡尔赛宫，将其改为历史博物馆。宫殿为古典主义风格建筑，立面为标准的古典主义三段式处理，即将立面划分为纵、横三段，建筑左右对称，造型轮廓整齐、庄重雄伟，被称为是理性美的代表。其内部装潢则以巴洛克风格为主，少数厅堂

凡尔赛宫

为洛可可风格。

（3）古典主义典型建筑：雄狮凯旋门。

雄师凯旋门位于巴黎市中心戴高乐广场中央。它是拿破仑为纪念1805年打败俄奥联军，于1806年下令修建的。这座凯旋门是用石材造的，高50米，宽45米，厚22米，是世界凯旋门中最大的。它的形式模仿罗马的凯旋门而简化，只有正中一个券洞。

雄狮凯旋门

巴黎残废军人教堂

（4）古典主义典型建筑：巴黎残废军人教堂。

巴黎残废军人教堂，又称恩瓦立德新教堂，建造在巴黎市中心，始建于1680年，是第一个完全的古典主义教堂建筑，也是17世纪最完整的古典主义纪念物。教堂是给残废军人收容院造的，目的是纪念"为君主流血牺牲"的人。

建筑平面为正方形，四角各有一个圆形的礼拜堂，中间的十字形平面的上方是一个大穹顶。穹顶的构造有3层，室内一层内面为彩画顶棚，最外一层为木结构上的铅皮屋面，表面有纪念胜利的浮雕。外立面和室内空间都采用雄壮的古典柱式，严格遵循法国巴洛克构图原则。

英国圣保罗大教堂

❷ 古典主义建筑实例分析

建筑案例：英国圣保罗大教堂

建筑的历史背景：公元604年，东撒克逊王埃塞尔伯特在卢德山顶上建造了这座大教堂，以伦敦的保护神圣保罗的名字命名。教堂被先后3次被摧毁，1675年在旧址上重建。

巴黎圣保罗大教堂（St.Paul's Cathedral）建于1675年，位于英国伦敦，是英国最大的一座教堂，这座教堂是英国国会教会的中心教堂，由英国王室建筑师霍恩设计，是英国古典主义建筑的代表作。

教堂的平面呈拉丁十字形，纵向156.9米，横向69.3米，突出轴线。

教堂的西立面采用古典主义三段式构图，追求对称、庄严。建筑被分为横向三段与纵向三段，突出第二层的穹顶，这个穹顶是整个建筑的中心，直径达到34米，仅次于罗马的圣彼得大教堂，是世界上第二大圆顶教堂。

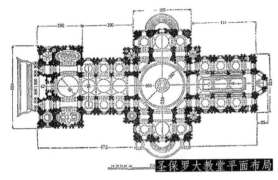

圣保罗大教堂平面布局

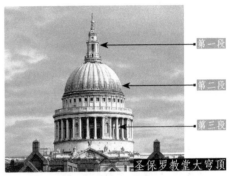

第一段
第二段
第三段

圣保罗教堂大穹顶

建筑正门两边设有古罗马的科林斯柱，为双柱柱廊，简洁而庄重，二层屋檐上方设有古希腊式大型三角形山花，雕刻精美，内容是圣保罗到大马士革传教的画面，墙顶上立着圣保罗的雕像。二楼窗户上方装饰着同样的三角形山花，和谐美观。

科林斯柱（双柱）

圣保罗大教堂二层

教堂正面第三层穹顶两边设计有一对钟楼，钟楼的顶部尖耸，有着少许哥特式风格。西北角的钟楼是教堂用钟，西南角的钟楼里吊着一座17吨重的大铜钟。

教堂内的拱形大厅金碧辉煌，墙面和天花上的雕刻精美，窗户上镶嵌有彩绘玻璃，四壁挂着耶稣、圣母和使徒的壁画等。

圣保罗大教堂庄严雄伟，具有非常大的纪念意义，是17、18世纪英国古典主义建筑严谨和纯理性的体现。

钟楼

教堂内部拱形大厅

❸古典主义建筑特征分析

古典主义建筑讲究统一性与稳定性的构图方式，建筑端庄、严谨、华丽、规模巨大，晚期的建筑讲究装饰，出现了洛可可装饰风格。

（1）[对称]：古典主义建筑外观多是对称设计，与巴洛克风格的追求自由风格相反。

（2）[强调比例]：古典主义美学认为艺术需要有像数字一样清晰的规范和规则，在建筑设计中以古典柱式为构图的基础，突出轴线，强调比例。

（3）[注重古典柱式]：建筑柱式严格按照古希腊和古罗马的规定柱式。

（4）[室内豪华]：古典主义风格建筑室外庄重，室内极其豪华，注重装饰，表现手法多为巴洛克风格。

2.4.3 洛可可建筑实例分析

❶ 洛可可建筑简介

洛可可建筑风格（Rococo Style），于18世纪20年代产生于法国，是在巴洛克建筑的基础上发展起来的，洛可可风格又被称为"路易十五风格"，源自法国的皇帝路易十五是个享乐主义者，因此，这种软绵绵、华丽丽的带有严重享乐主义的建筑风格在路易十五时期非常盛行，多为宫廷贵族的花园府邸，基本特征是装饰上娇媚浮华，细腻纤巧，精致烦琐，极尽奢华，重点体现在室内装饰中，并非建筑风格的演变，建筑风格仍旧趋向巴洛克风格和古典主义风格，如法国南锡广场、苏必斯府邸。

法国南锡广场

苏必斯府邸

❷ 洛可可建筑室内装饰实例分析

建筑室内装饰案例：

（1）凡尔赛宫。

洛可可风格的色彩多为金色、粉色、淡黄色等娇嫩的颜色，如凡尔赛宫王后宫。

凡尔赛宫王后宫

苏必斯府邸

（2）巴黎苏必斯府邸。

洛可可室内装饰追求柔美细腻的情调，题材为卷涡水草等曲线形花纹，如苏必斯府邸室内装饰。

18世纪的欧洲，洛可可风格盛行于宫廷和贵族的府邸之中，表现了落寞贵族阶级的颓废和浮华，与平民百姓的生活相违背，因此，洛可可风格没有得到延续和长期发展。

❸ 洛可可建筑特征分析

（1）[色彩娇艳]：室内色彩明快，多用嫩绿、粉红、玫瑰红等鲜艳的浅色调做主色，多用金色做细部装饰。

（2）[装饰纤巧]：线脚细腻、柔媚，喜欢用贝壳、山石做装饰。

（3）[多用曲线]：喜欢用弧线和S线形，多用卷涡纹、水草、橄榄枝等装饰墙面和天花板。

洛可可风格的卧室

（4）[璀璨华丽]：室内多用闪烁光泽的镜子、水晶、金色装饰线，追求迷离、雅致的效果。

用贝壳装饰的欧式台盆柜

洛可可风格多用曲线纹理做装饰

洛可可风格中的水晶吊灯和金色装饰线

2.4.4 古典复兴、浪漫主义、折中主义建筑实例分析

❶ **古典复兴建筑实例分析**

古典复兴建筑历史背景：18世纪以前的欧洲，巴洛克与洛可可风格盛行于宫廷和贵族之间，珠光宝气，新兴的资产阶级对此很反感，他们赞美古希腊与古罗马的优雅雄伟，以希腊和罗马的建筑为创作蓝本，新古典主义建筑在各个国家相继出现，主要为资产阶级服务，有国会、法院、银行、博物馆等。

罗马复兴建筑有：法国巴黎的万神庙——把哥特式建筑结构和希腊建筑的庄严结合起来，美国的国会大厦等也在此列。

希腊复兴建筑有：美国的华盛顿林肯纪念堂、英国的爱丁堡大学旧广场、不列颠博物馆、德国的柏林宫廷剧院等。

❷ **浪漫主义建筑实例简介**

浪漫主义建筑历史背景：18世纪下半叶，欧洲文艺领域的新思潮强调个性，提倡自然

主义，在建筑上追求异国情调。

浪漫主义的发源地是英国，如富有田园情调的英国克尔辛府邸，是早期的浪漫主义代表。

19世纪30年代，浪漫主义日趋成熟，代表作有哥特式复兴建筑：英国国会大厦。

英国克尔辛府邸

英国国会大厦

❸ 折中主义建筑实例分析

折中主义建筑历史背景：19世纪末20世纪初，欧洲出现一种建筑创作思潮，主题思想是要弥补古典主义和浪漫主义在建筑上的局限性，认为建筑可以不受风格的约束，可以自由组合，拼凑不同风格的装饰纹样，在同一座建筑中，既有古希腊的山花，又有古罗马的柱式和拱券，还有拜占庭的穹顶，折中主义由此而来。

19世纪中叶，折中主义在法国最为流行，作品有巴黎歌剧院、圣心大教堂。

巴黎歌剧院建于1861年，建筑立面是意大利巴洛克风格，双柱式的运用带有古典主义手法，装饰却用了烦琐华丽的洛可可风格，被称为折中主义的代表作。

坐落在巴黎蒙马特山的圣心大教堂，有着白色的大圆顶，具有罗马式和拜占庭式相结合的风格，一个大圆顶和4个小圆顶的搭配，颇有印度风情。

巴黎歌剧院

圣心大教堂

2.4.5 西方古代晚期的建筑形式在室内设计中的实际运用

❶ 巴洛克风格在室内设计中的实例

巴洛克风格的主要特色是强调力度、变化和动感，强调建筑、绘画与雕塑以及室内环境等的综合性，突出夸张、浪漫、激情和非理性、幻觉、幻想的特点。是非常重要的室内设计风格之一。

案例分析：曲线装饰

曲线装饰在室内设计中的运用见下图。

巴洛克建筑外墙的曲线装饰

曲线装饰在顶棚和家具中的运用

❷ 古典主义风格在室内设计中的实例

古典主义建筑风格延续了巴洛克风格的雄伟庄重，但在设计上更富有理性。

案例分析：古典双柱装饰

古典希腊罗马双柱装饰在室内设计中的运用见下图。

圣保罗大教堂二层的双柱

酒店大堂的多立克双柱

❸ 洛可可风格在室内设计中的实例

洛可可风格的总体特征是轻盈、华丽、精致、细腻。室内装饰造型高耸纤细，不对称，频繁地使用形态方向多变的涡卷形曲线、弧线，并常用大镜面做装饰，大量运用花环、花束、弓箭及贝壳图案纹样。善用金色和象牙白，色彩明快、柔和、清淡却豪华富丽。

案例分析：璀璨华丽的装饰

璀璨华丽的装饰在室内设计中的运用见下图。

苏必斯府邸的室内装饰

璀璨华丽的室内装饰

❹ 古典复古风格在室内设计中的实例

古典复古风格又称为"新古典主义"风格，它摒弃了巴洛克和洛可可风格的烦琐奢华，刻意追求古希腊和古罗马的艺术，室内和家居的线形变直，追求自然、典雅、优美的风格。

案例分析：典雅优美的装饰

典雅优美的装饰在室内设计中的运用见下图。

古典复古建筑

典雅优美的新古典装饰

▶ 小结

本节主要分析了西方古代晚期建筑的风格和特征，利用几个案例较为全面地介绍了巴洛克风格、古典主义风格、洛可可风格等特征在室内设计中的实际运用。

▶ 习题

1. 西方古代晚期建筑有哪些风格特征？

2. 请列举几个古典主义风格的建筑，并加以分析说明。

3. 请谈一谈巴洛克风格和洛可可风格的区别，并举例说明。

4. 请谈一谈古典复兴风格与室内设计之间的联系，并举例说明。

2.5 西方近代建筑形式

❶ 英国工业革命时期建筑简介

1640年，英国资产阶级革命标志着世界历史进入了近代阶段。18世纪末，英国爆发了工业革命，随后美、法、德等国家也先后爆发了工业革命，19世纪，这些国家的工业化从轻工业扩展到重工业，西方进入了工业化社会。这个时期的建筑设计被工业革命带来的新材料和新结构所冲击，设计师的设计理念矛盾体现在传统学派和全新的建筑类型和建筑需求，新材料和新技术提供了建筑设计最大的可扩展性，尤其以钢铁、混凝土和玻璃的广泛运用最为突出。如英国伦敦的"水晶宫"、巴黎世界博览会机械馆。

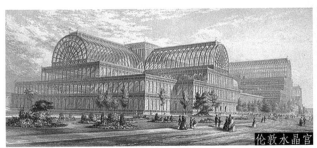
伦敦水晶宫

巴黎世界博览会机械馆

建筑案例：伦敦水晶宫

水晶宫是一座展览馆，专为1851年伦敦第一届世界工业产品大博览会而设计建造，是最早的展览馆，位于伦敦海德公园内，是英国工业革命时期的建筑代表作品。

伦敦水晶宫建筑内部

水晶宫占地面积约7.2万平方米，宽124.4米，长364米，共有5个跨度，高3层，整个建筑为铁结构，外墙和屋面的材料都是玻璃，建筑内部宽敞、通透、明亮。

水晶宫于1850年8月建造，1851年5月完工，1854年被移至英国肯特郡的赛等哈姆，1936年毁于火灾。

水晶宫建筑特征分析

（1）[空间巨大]：内部空间非常大，而且没有阻隔。

（2）[工期短]：从建造到完工耗时9个月。

（3）[造价低]：大量使用铁和玻璃，降低造价。

（4）[建筑革新]：运用了新材料和新技术。

（5）[摒弃了古典主义]：建筑无装饰，注重功能，追求轻、透、亮，开辟了建筑形式的新纪元。

埃菲尔铁塔

建筑案例：埃菲尔铁塔

建筑的历史背景：1889年正值法国大革命爆发100周年，法国人希望在那一年借举办世界博览会之机留给世人深刻的印象，尤其是1851年伦敦举办万国博览会取得空前的成功之后，巴黎更是不甘落后。法国人一直想建造一个超过英国"水晶宫"的博览会建筑，便于1886年开始举行设计竞赛，征集方案，其宗旨为"创作一件能象征19世纪技术成果的作品"。最后在700件应征作品中选中了建筑师古斯塔夫·埃菲尔提交的关于建造一座高304.8米的铁塔的设计方案。

埃菲尔铁塔矗立在法国巴黎塞纳河边的战神广场，是世界著名建筑，也是巴黎最高建筑物，高300米，天线高24米，总高324米，是巴黎最高的建筑物，于1889年建成。

埃菲尔铁塔的4个塔墩由水泥浇灌，塔身全部是钢铁镂空结构，共有1万多个金属部件，用几百万个铆钉连接起来。埃菲尔铁塔是世界上第一座钢铁结构的高塔。

铁塔共有3层，每层有一个平台，在铁塔塔顶可以观赏巴黎全城迷人的景色。

埃菲尔铁塔特征分析

（1）[金属结构]：铁塔建造的成功预示着金属结构今后会大大增加建筑的高度。

（2）[创建新高度]：1889年以来，人类建

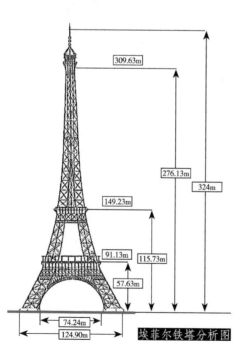

埃菲尔铁塔分析图

造的建筑物没有达到过像埃菲尔铁塔这样的高度，埃菲尔铁塔是近代建筑工程的一项壮举。

威廉·莫里斯的红屋

❷ **工艺美术运动时期建筑简介**

位于英格兰肯特郡乡间的红屋是现代设计之父威廉·莫里斯（1834—1896年）的故居。年轻的莫里斯和他的艺术家朋友们共同设计、建造、装饰了红屋，借以实现他们的艺术理想。红屋也成为19世纪工艺美术运动的重要见证，象征着世界建筑向现代建筑的转折。

建筑案例：红屋

❸ **新艺术运动时期建筑简介**

19世纪80年代在比利时兴起的新艺术运动，其装饰主题是模仿自然界生长繁盛的草形状的曲线，凡是墙面、家具、栏杆及窗棂等装饰莫不如此，装饰中大量应用铁构件。创始人是凡·德·费尔德和高迪。

建筑案例：米拉公寓

米拉公寓是高迪设计的最后一个私人住宅，是米拉先生的府第，所以被称为 Casa Milà，即是"米拉之家"的意思。它占地1323平方米，有33个阳台，150扇窗户，3个采光中庭（2个大中庭，1个小天井）；6层住宅，1层顶楼（阁楼），1个地下停车场；共有3个立面；两个正门入口，一个在格拉西亚大道上，一个在普罗班萨街上。

米拉公寓波浪形的外观，是由白色的石材砌出的外墙，扭曲回绕的铁条和铁板构成的阳台栏杆，和宽大的窗户相配合，可让人发挥想象力。

米拉公寓

米拉公寓的外墙和窗户

米拉公寓的内部，每一户都能双面采光，光线由采光中庭和外面街道进来，房间的形状也几乎全是圆形设计，天花板、窗户、走廊等很少有正方的矩形。

米拉公寓中庭的采光

米拉公寓的中庭

米拉公寓设计的特点是"它本身建筑物的重量完全由柱子来承受，不论是内墙外墙都没有承受建筑本身的重量，建筑物本身没有主墙"，所以内部可以随意隔间改建，建筑物不会塌下来，而且，可以设计出更宽大的窗户，保证每个房间的采光。顶楼是用来调节温度、晒衣服用的。

屋顶阳台则类似高迪的另一个作品桂尔公园中似蛇般的长椅，有30个奇特的烟囱，2个通风口，与6个楼梯口，塔状的楼梯口形状最大，螺旋梯里面暗藏水塔。

大多数参观过这栋建筑的人可能会认为米拉公寓是壮丽且气势凌人的，也有人觉得波浪状的外墙太古怪，但无论如何，米拉之家现在是巴塞罗纳市的地标之一。

米拉公寓的屋顶

❹ 维也纳学派建筑简介

维也纳学派发源于奥地利，代表人物有奥托·瓦格纳、沙里宁等。该学派认为建筑"不依靠装饰，而依靠建筑形式自身的美感而美"，反对把建筑列为艺术的范畴，主张建筑以适用为主，甚至认为装饰是罪恶的，强调建筑物的比例关系和传统分离。代表作品有维也纳储蓄银行（1903年）、芬兰赫尔辛基火车站（1906年）。

维也纳储蓄银行

芬兰赫尔辛基火车站

❺ 芝加哥学派建筑简介

芝加哥学派是美国最早的建筑学派，鼎盛时期是1883—1893年，创始人是工程师詹尼，他于1879年设计建造了第一拉埃特大厦，这是世界上第一座钢铁架结构的建筑。

美国建筑师沙利文提倡"形式服从功能"的设计理念，设计了芝加哥cps百货公司大楼，创造了"芝加哥窗"，即高层、铁框架、整开间开大玻璃，形成了立面简洁的芝加哥风格。

第一拉埃特大厦

芝加哥cps百货公司大楼

2.6 中国古代建筑形式

2.6.1 宫殿建筑实例分析

❶ 瑰丽的中国宫殿建筑

宫殿建筑是中国古代皇帝为了巩固自己的权威统治而建造的规模巨大、气势宏伟的建筑。在中国古代封建社会，皇权是至高无上的，因此，宫殿建筑是中国古代建筑中级别最高、最为奢华的建筑，同时也代表了当时的建筑技术的最高水准，反映了当时朝代的社会历史和宫殿建筑蕴藏的文化底蕴。

（1）偃师遗址。

中国历史上第一个朝代——夏朝建立后，便有了王宫建筑。考古学家们在河南偃师二里头遗址上层发现了宫殿遗址。它是年代最早的宫殿遗址，分为宫城、内城、外城三部分。宫殿建筑位于内城的南侧，其中二号建筑的主殿基址长达90米，是早期宫殿中最大的单体建筑。

偃师二里头遗址

（2）阿房宫。

自公元前221年秦始皇统一中国后，于秦皇二十七年建造新宫，到了秦皇三十五年，秦始皇开始建造更大的宫殿——朝宫，阿房宫就是朝宫的前殿。据《史记·秦始皇本纪》记载："前殿阿房东西五百步，南北五十丈，上可以坐万人，下可以建五丈旗，周驰为阁道，自殿下直抵南山，表南山之巅以为阙，为复道，自阿房渡渭，属之咸阳。"描述了阿房宫的设计规模非常宏大。阿房宫现遗址在陕西西安阿房村附近，是中国重点文物保护单位。清代画家袁耀绘制过《阿房宫图》。

（3）长乐宫、未央宫、建章宫。

公元前202年（汉高祖五年），汉高祖在秦朝兴乐宫的基础上修建了长乐宫，地址在长安（今咸阳），宫殿体量巨大，占长安城面积的六分之一，刘邦死后，皇帝移住未央宫。长乐宫就专供太后居住，因此，又被称为"东宫"。

《阿房宫图》

汉高祖七年（公元前200年），汉高祖刘邦建造未央宫，以后这里成为西汉王朝的政治统治中心。未央宫在长安城的西南部（西安市西北5千米），总体的布局呈长方形，四面筑有围墙。东西两墙各长2150米，南北两墙各长2250米，全宫面积约5平方千米，约占全城总面积的七分之一，汉代历代皇帝都在这里居住，后人称之为"汉宫"。

公元前104年，汉武帝刘彻大兴土木，在长安城西边营造建章宫，据记载，宫殿周长万余米，内部划分若干区域，内部建筑"上林苑"有千家万户之称。宫殿与未央宫通过跨域城池的阁道相连。

长乐宫、未央宫、建章宫被称为汉代三大宫殿。陕西省西安市以北5千米的地方就是西汉都城长安城遗址所在地。

（4）大明宫。

大明宫是大唐帝国的宫殿，是当时的政治中心和国家象征，位于唐京师长安（今西安）北侧的龙首原，始建于公元634年，原名永安宫。大明宫原是贞观年间唐太宗李世民为太上皇李渊所建立的。自唐高宗起，先后有17位唐朝皇帝在此处理朝政，历时达二百余年。

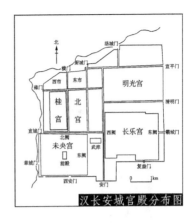

汉长安城宫殿分布图

大明宫是当时全世界最辉煌壮丽的宫殿群，其建筑形制影响了当时东亚地区的多个国家宫殿的建设。大明宫堪称中国古建筑的杰作，后因连遭兵火，遂成废墟。现已建造大明宫国家遗址公园。现在日本奈良时期的唐招提寺，较为真实地体现了盛唐时期的建筑精髓。

（5）沈阳故宫。

沈阳故宫是清代初期（1625—1644年）的统治者努尔哈赤和皇太极的宫殿，是当时东北地区封建统治的中心。1644年10月，清政权迁都北京，沈阳故宫就成为"留都宫殿"。

沈阳故宫占地6万多平方米，宫内建筑文物保存完好，建筑风格独特。完好的文物保存，壮观的建筑规模以及非凡的皇家宫廷气度，和北京的故宫成为中国仅存的两大宫殿建筑群代表，并成为清王朝早期历史的见证。

大明宫国家遗址公园

沈阳故宫

（6）北京故宫。

中国宫殿建筑以北京的故宫为代表。故宫又名紫禁城，是明清两朝皇帝的宫廷，先后有24位皇帝在此居住过。

故宫占地面积72万平方米，有房屋9000多间，故宫周围是数米高的围墙，周长3400多米，墙外是护城河。故宫规模之大、风格之独特、陈设之华丽、建筑之辉煌，在世界宫殿建筑中极为罕见。

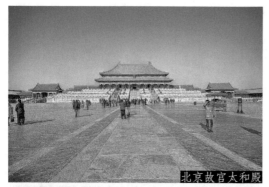

北京故宫太和殿

北京故宫乾清宫

北京故宫御花园

故宫太和殿的汉白玉台基

故宫分为前、后两部分。前一部分是举行重大典礼、发布命令的地方。主要建筑有太和殿、中和殿、保和殿。这些建筑都建在汉白玉砌成的8米高的台基上，远望犹如神话中的琼宫仙阙，建筑形象严肃、庄严、壮丽、雄伟，三个大殿内部均装饰得金碧辉煌。

故宫的后一部分——"内廷"是皇帝处理政务和后妃们居住的地方。这一部分的主要建筑乾清宫、坤宁宫、御花园等，都富有浓郁的生活气息，建筑多包括花园、书斋、馆榭、山石等，它们均自成院落。

从故宫建筑群的整体建筑艺术来说，它体现了我国古代建筑艺术的特殊风格和杰出成就，是世界上优秀的建筑群之一。故宫自明代永乐年间创建后的500余年中，不断重建、改建，动用的人力、物力是难以计算的，所以，宏伟壮丽的故宫，是我国古代劳动人民智慧和血汗的结晶。

❷ 宫殿建筑的材料分析

中国古建筑以木材、砖瓦为主要建筑材料，以木构架结构为主要的结构方式。

（1）石材的运用。

古人把木材运用得淋漓尽致，但石材和砖瓦等材料的使用，在宫殿建筑中起了相当大的作用。

石材在西方建筑中作为主要材料被使用；在中国古建中，石材被广泛运用在高层建筑的台基部位。

台基是房屋的地面基础，一般由白石台基、须弥座加栏杆组成。须弥座是将象征世界中心的须弥山的佛像基座，引用到房屋的台基中，以增强建筑物的庄严神秘感。古代的台基最早用于防潮，后来建立在地面之上，不断加高，用以体现庄严的外观，是权力的象征。宫殿建筑用高高的台基来烘托建筑的宏伟庄严和皇权至上，典型的案例当属北京故宫太和殿的台基。

太和殿殿下有高8.13米的三层汉白玉石雕基座，栏杆下安有排水用的石雕龙头，台基上有1142个龙头排水孔，可瞬间将台面上的雨水排尽，每逢雨季，可呈现千龙吐水的奇观。

故宫太和殿的排水系统

故宫太和殿台基石板雕刻

由于石材表面可以做细致的雕刻，因此，在宫殿建筑中，也用雕刻精美龙纹的石板作为台基的装饰，以美化建筑的外观，材料多为汉白玉。

明清时期，汉白玉成为宫殿建筑的专用材料。它是一种纯白色的大理石，产地主要在北京方山县大石窝镇，其材料性质柔和容易雕琢，且质地如白玉，故名"汉白玉"。故宫是使用汉白玉最多最精美的宫殿。

宫殿建筑中承重的柱子繁多，而木柱底部承重能力不及石材，故古人将木柱底部用石材垫基，称为"础石"。它往往表面雕刻精美，既是承重的一部分，又有装饰作用。故宫的柱底大都是石材。

故宫的柱子底座

（2）砖的运用。

砖在中国古建筑中最早用于建造墓室，到了明代制砖技术有了很大发展，明清建筑中的砖材料多用白灰浆或者白灰泥浆。明清的宫殿建筑中的城墙砌筑和地面铺设多用砖。如北京故宫高高的朱红城墙和太和殿内的"金砖"铺设。

太和殿，之所以被称为"金銮殿"，大多是因为地面铺设的"金砖"。所谓金砖并非由金子做成，而是苏州特制的砖。其表面淡黑、油润、光亮、不涩不滑。苏州一带土质好，烧工精，烧成之后达到"敲之有声，断之无孔"的程度，方可使用。其烧制程序十分复杂，前后时间花费长达半年以上。明朝时期，一块金砖的价值等同于一二两黄金，因此称为"金砖"。太和殿内地面共铺二尺见方的大"金砖"4718块。金砖是两尺见方的大砖，一直都是紫禁

太和殿内铺设的金砖

城的专用品。在故宫的重要宫殿中都铺设有这样的砖，经历了几百年的磨砺，它们依旧光洁如新。

（3）瓦的运用。

宫殿建筑中的屋顶施工材料最重要的是瓦。明代制瓦技术得到长足发展，宫殿建筑普遍使用彩色的琉璃瓦。

琉璃瓦的内层用较好的黏土制成，表面用琉璃烧制，采用浇釉的手法上釉，有釉的一面光滑不吸水，具有很好的防水功能，能保护房屋的木结构。

琉璃瓦颜色多用绿色和金黄色。

故宫的重要标志是红墙黄瓦。黄色是五色之一。《易经》说："天玄而地黄"。在古代阴阳五行学说中，五色配五行和五方位。土居中，故黄色为中央正色。黄色袍服是皇帝的专用服装，皇帝行进的道路在诸条并行道路的中央，称为御道，也称黄道。根据封建社会的礼制，宫殿建筑的屋顶上铺设黄色琉璃瓦，以金

故宫屋顶的琉璃瓦

碧辉煌的耀目色彩，形成气势恢宏而肃穆庄严的特色。经皇帝恩准勅建的坛庙或祠堂建筑的屋顶上，也可以铺设黄色琉璃瓦。

（4）金属的运用。

金属在宫殿建筑中被制作成金属构件，如铜质构件，多用于营造宫殿建筑的豪华气氛。

明清时期的鎏金铜构件，具有非凡的艺术鉴赏价格。北京故宫中鎏金铜构件的使用繁多，如宫殿大门的铜铆钉、铜缸、铜兽等。

故宫内大缸共分为铁、铜和鎏金铜三种。铁缸是明代铸造的，铜缸有明代的，也有清代的，鎏金铜缸则均是清代铸造的。鎏金就是铜器的表面涂上金和水银的合金，经烘烤后，水银蒸发，金就附着在器物的表面。

宫中设置大量铜缸的最初意图是用来防火；但不仅防火用；它还代表了等级，鎏金铜缸是最高等级，被陈列在皇帝上朝议政的太和殿、保和殿两侧以及用于"御门听政"的乾清门外红墙前边。而在后宫及东西长街，就只能陈设较小的铜缸或铁缸。

明清两代在故宫陈设铜狮子，不仅显耀宫廷的豪华，而且用以显示封建君主的尊贵和威严。

故宫中的鎏金铜缸

这些铜狮分散在6处，每处都是一对。每对狮子，在右边的是雌狮，正伸出左腿戏逗小狮子，小狮子作仰卧状，口含大狮爪，充分体现母爱的温暖；在左边的是雄狮，伸出右腿，正在玩耍绣球，使人联想到我国传说的狮子舞蹈动作。铜狮都作张口露齿状，似乎正在咆哮怒吼，颈上有髦，颈下系铃和璎珞；肢爪强劲有力，显示其性格凶猛。这些都充分反映了古代劳动人民的智慧和创造才能。

太和殿前陈列的两对铜龟、铜鹤，象征着帝王长命百岁和江山永葆。

故宫中的鎏金雌狮

故宫中的鎏金雄狮

龟是一种象征着长寿的神兽。它与龙、凤、虎合称为代表天下四个方向的神兽，即前朱雀、后玄武、左青龙、右白虎。龟称玄武，代表北方。在太和殿前的铜色蹲在高高的须弥座上，伸长脖子，抬着头，张着嘴，仰视青天。

古代也把鹤当作一种长寿的仙禽，所以有"鹤寿千岁，以极其游"之说。在古代建筑和一些工艺品上，常用仙鹤作装饰内容，表示吉祥和长寿之意。

故宫里的铜兽除了铜狮、铜龟、铜鹤，还有鎏金铜麒麟兽等。

太和殿前的铜龟

太和殿前的铜鹤

故宫的护城墙

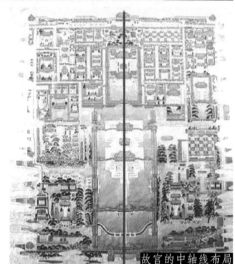
故宫的中轴线布局

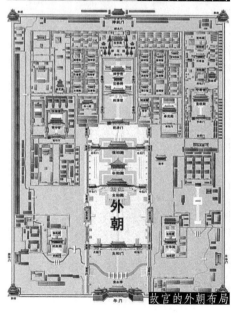
故宫的外朝布局

❸ 宫殿建筑的布局分析

中国的宫殿建筑，如同一幅中国画长卷，必须逐渐展看，不能一眼看穿，同时又有移步换景的精致，北京的故宫就是最杰出的一个范例。

故宫，又名紫禁城，始建于公元1406年，1420年基本竣工，以明朝皇帝朱棣始建。故宫南北长961米，东西宽753米，面积约为725,000平方米。建筑面积15.5万平方米。相传故宫一共有9999.5间房，实际据1973年专家现场测量，故宫有大小院落90多座，房屋有980座，共计8704间（而此"间"并非现今房间之概念，此处"间"指四根房柱所形成的空间）。宫城周围环绕着高12米、长3400米的宫墙，形式为一长方形城池，墙外有52米宽的护城河环绕，形成一个森严壁垒的城堡。

为了体现皇权受命于天的等级思想，历代宫殿都采用"中轴对称"的布局形式。故宫建筑采取严格的中轴对称的布局形式。三大殿、后三宫、御花园都位于这条中轴线上。并向两旁展开，南北取直，左右对称。这条中轴线不仅贯穿于紫禁城，而且南达永定门，北到鼓楼、钟楼，贯穿整个城市，气魄宏伟，规划严整，极为壮观。

中国历代的宫殿建筑接皇帝活动功能分为"前朝后寝"。故宫的建筑依据其布局与功用分为"外朝"与"内廷"两大部分。"外朝"与"内廷"以乾清门为界，乾清门以南为外朝，以北为内廷。

东汉郑玄注《礼记·玉藻》曰："天子及诸侯皆三朝"，外朝以太和、中和、保和三大殿为中心，是皇帝举行朝会的地方，也称为"前朝"。是封建皇帝行使权力、举行盛典的地方。此外，两翼东有文华殿、文渊阁、上驷院、南三所；西有武英殿、内务府等建筑。

内廷以乾清宫、交泰殿、坤宁宫后三宫为中心，两翼为养心殿、东西六宫、斋宫、毓庆宫，后有御花园。

根据《周礼·春官·小宗伯》记载："建国之神位，右社稷，左宗庙。"帝王宫室建立时，基本遵循"左祖右社"的原则。宗庙的空间位置应当在整个王城的东或东南部，社稷坛的空间位置则在西或西南部，这种做法一直沿袭下来。"左祖"是在宫殿左前方设祖庙，祖庙是帝王祭祀祖先的地方，因为是天子的祖庙，故称太庙；"右社"是在宫殿右前方设社稷坛，社为土地，稷为粮食，社稷坛是帝王祭祀土地神、粮食神的地方。

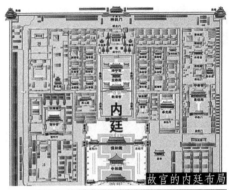
故宫的内廷布局

东汉郑玄又注《礼记·明堂位》曰：天子五门，皋、库、雉、应、路""诸侯三门"。这就是"五门"的由来。

外曰皋门，二曰库门，三曰雉门，四曰应门，五曰路门。"皋者，远也，皋门是王宫最外一重门；应者，居此以应治，是治朝之门；库有"藏于此"之意，故库门内多有库房或厩棚；雉门有双观；路者，大也，路门为燕朝之门，门内即路寝，为天子及妃嫔燕居之所。"

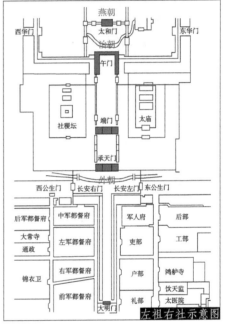
左祖右社示意图

故宫的五道门由外向内依次为天安门、端门、午门、太和门、乾清门。这五道门沿着中轴线以及辅助建筑，构成了四个大庭院，为历代皇帝在举行大型朝廷活动时的场所。

❹ 宫殿建筑的结构分析

中国古建筑以木材、砖瓦为主要建筑材料，以木构架结构为主要的结构方式。

（1）梁。

以木结构为主体的柱梁构架贯穿中国宫殿建筑的始终。木结构主体中，梁柱最重要，墙是辅助性的，起分隔室内外的作用，因此中国有句俗话，叫作"墙倒房不塌"。梁架结构非常复杂，各时代的做法和尺寸也有一定的差别。

木结构梁架，由立柱、横梁、顺檩等主要构件建造而成，各个构件之间的结点以榫卯相吻

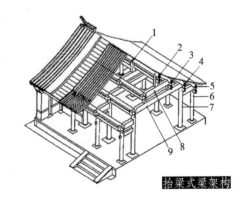
抬梁式梁架构

合，构成富有弹性的框架。有三种基本形式：抬梁式、穿斗式、井干式。

抬梁式是在立柱上架梁，梁上又抬梁，所以称为"抬梁式"。宫殿、坛庙、寺院等大型建筑物中常采用这种结构方式。

穿斗式是用穿枋把一排排的柱子穿连起来成为排架，然后用枋、檩斗接而成，故称作穿斗式。多用于民居和较小的建筑物。

井干式是用木材交叉堆叠而成的，因其所围成的空间似井而得名。这种结构比较原始简单，现在除少数森林地区外已很少使用。

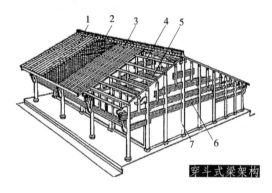
穿斗式梁架构

井干式梁架构

木构架结构的优点如下。

① 承重与围护结构分工明确，屋顶重量由木构架来承担，外墙起遮挡阳光、隔热防寒的作用，内墙起分割室内空间的作用。由于墙壁不承重，这种结构赋予建筑物以极大的灵活性。

② 有利于防震、抗震，木构架结构类似于今天的框架结构，由于木材具有的特性，而构架的结构所用斗拱和榫卯又都有若干伸缩余地，因此在一定限度内可减少由地震对这种构架所引起的危害。"墙倒屋不塌"形象地表达了这种结构的特点。

（2）柱。

中国古代建筑的特点是"墙倒屋不塌"，这也是中国古建的精髓。古人在建造宫殿时先用立柱和衡量构成房屋的骨架，然后做屋顶和墙体，因此，柱子在建筑中起到最重要的承重作用，墙壁只起到间隔空间的作用。

宫殿建筑中的柱体由下而上有三部分组成：柱础、柱身和柱头。柱础的材料为石材；柱身材料多为木作；柱头是梁和柱之间的结合处，最早是斗状，后来逐步由单层发展为多层，创造出来中国古建筑特有的形式——斗拱。

故宫太和殿内的朱红漆柱

故宫太和殿内共有72根承重柱，其中顶梁柱最高最粗，直径为1.6米，高为12.7米，是清朝重建时用松木拼接而成的。其中包括宝座旁的6根沥粉蟠龙金柱，是宫内其他建筑物没有的。

故宫太和殿内的鎏金雕龙柱

（3）斗拱。

想要把斗拱介绍得很详细，不是件容易的事情，古建筑专家们为此付出了很大的心血。

斗拱起到了屋檐和梁柱之间的承重作用，有斗拱的房屋，屋顶的重量并非直接落到柱子上，而是通过斗拱的木块与肘形的曲木在柱头上层层叠加，在屋檐和梁柱之间搭起了精密有力的骨架。这个骨架由于是木制结构，又具有一定的弹性，构架各个榫卯节点有伸缩余地，因此，可以减小地震引起的房屋塌陷。

唐代宫殿建筑中的巨大屋顶就是靠斗拱扩大梁与柱的接触面，加强梁架与柱头之间的联系，层层叠叠的斗拱结构，承托了高大厚重、出檐深远的屋顶。

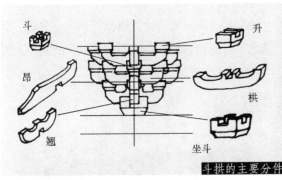
斗拱的主要分件

唐代的斗拱

从明代开始，柱头间使用大、小额枋和随梁枋，斗拱的尺度不断缩小，间距加密。清式建筑的梁不再像宋式那样穿插在斗拱中，而是压在斗拱最上一跳之上，直接承挑檐桁。因此，斗拱发展到明清以后便不再起维持构架整体性和增加出檐的作用。它的用料和尺度比宋式大为缩小，故宫正殿太和殿的上檐斗拱也只用到九踩单翘三昂（清式斗拱的九种造型之一）。

（4）屋顶。

中国古代宫殿建筑屋顶以琉璃瓦为主，多为单一色彩，有黄色、绿色、蓝色、黑色等。

故宫太和殿上檐斗拱

清代规定黄色的琉璃瓦只限于帝王的宫殿、陵墓、宗庙使用，其他王公府第只能用绿色琉璃瓦。因此，当我们俯瞰北京故宫那片金色屋顶时，能体会到皇权的威严。

宫殿建筑多以庑殿顶、歇山顶为主，歇山顶略低于庑殿顶，在故宫建筑中使用最多。

北京故宫的金色屋顶

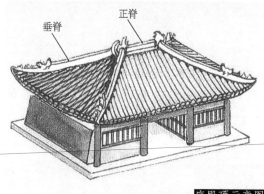

庑殿顶示意图

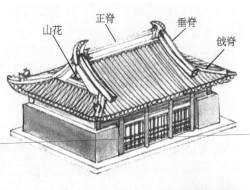

歇山顶示意图

庑殿顶是中国单檐屋顶中出现最早的一种形式，后来成为最为尊贵的形式。庑殿顶又分为单檐和重檐两种。重檐就是在上述屋顶之下，四角各加一条短檐，形成第二檐。故宫的太和殿就是重檐庑殿顶，在中国古建筑中等级最高，而故宫的英华殿则为单檐庑殿顶。

故宫太和殿的重檐庑殿顶

故宫英华殿的单檐庑殿顶

歇山顶的等级仅次于庑殿顶。它也有单檐、重檐的形式。

重檐歇山顶：歇山顶也叫九脊殿。除正脊、垂脊外，还有四条戗脊。正脊的前后两坡是整坡，左右两坡是半坡。重檐歇山顶的第二檐与庑殿顶的第二檐基本相同。整座建筑物造型富丽堂皇。在等级上仅次于重檐庑殿顶。目前的古建筑中如天安门、太和门、乾清宫等均为此种形式。

单檐歇山顶：其外形一如重檐歇山顶的上半部。配殿的大部分是这种顶式，如故宫中

故宫天安门的重檐歇山顶

故宫储秀宫的单檐歇山顶

的储秀宫等后宫建筑。

以上提到的重檐庑殿顶和重檐歇山顶的形式，在古代只有地位极高的人物才能相配，宫殿建筑中的屋顶是一种等级形式，因此，走在故宫里，看屋顶的形式便知该建筑的等级高低。

庑殿顶和歇山顶的共性是有一条屋脊在建筑的正中央，而攒尖顶的屋顶没有屋脊，它的屋面为椎体，屋面至屋顶交汇成一个点，这个点就是屋顶。

攒尖顶分为圆攒尖顶、四角攒尖顶、八角攒尖顶，有单檐、重檐之分。

故宫中位于紫禁城太和殿、保和殿之间的中和殿屋顶为单檐四角攒尖，屋面覆黄色琉璃瓦，中为铜胎鎏金宝顶。皇帝去太和殿之前先在此小憩，接受内阁、礼部及侍卫执事人员等的朝拜。每逢加封皇太后徽号和各种大礼前一天，皇帝也在此阅览奏章和祝辞。

故宫中的东西雁翅楼南北两端各有重檐攒尖顶阙亭。

故宫城墙的四角上，各有一个玲珑奇巧的角楼。这些玲珑多姿、绚丽多彩的角楼，为明代建筑，至今已有560多年的历史。角楼的重檐为面体型多角交错，上层檐由四角攒尖顶和歇山顶组成。

故宫中和殿的单檐攒山顶

故宫午门两侧的重檐攒尖顶

75

故宫的角楼

故宫中的午门

四面亮山，正脊纵横十字交叉，中安铜鎏宝顶。角楼设计比例和谐，处理得非常巧妙，大小结构复杂精密，别出心裁，充分体现了劳动人民的智慧。

（5）大门。

中国宫殿建筑中的门是地位和等级的象征，因此，比较有讲究。以故宫的大门为例，最为著名的当属午门。午门是皇宫的正门，因为位置在子午线的正中，故称为"午门"。

午门与东西北三面城台相连，环抱一个方形广场。北面门楼，面阔9间，重檐黄瓦庑殿顶。东西城台上各有庑房13间，从门楼两侧向南排开，形如雁翅，也称雁翅楼。在东西雁翅楼南北两端各有重檐攒尖顶阙亭一座。威严的午门，宛如三峦环抱，五峰突起，气势雄伟，故俗称五凤楼。

故宫午门的正门

午门有5个门洞。从正面看似乎只有三个，其实旁边还有两个侧门，开在东西城台下方，因此，从午门后方看，有5个门。正中间的大门，只有皇帝可以进出。皇帝大婚时，皇后乘坐的喜轿可以从正门进宫，殿试考中状元、榜眼、探花的三人可以从此门走出一次。可见中间这个大门的威严和地位。

在清朝，进出宫门有严格的等级和地位划分，文武百官出入左侧门，宗室王公出入右侧门。左右侧门平时不开，皇帝在太和殿举行大典时，文武百官才由两侧门出入。

门钉成为古建筑大门上特有的装饰，使大门显得威武。门钉的数量成为统治者政治地位和权力的标

故宫午门的后门

志，宫殿当属一等建筑，门钉"纵横各九"，有金钉81个。

《大清会典》中记载："宫殿门庑皆崇基，上覆黄琉璃，门钉金钉，坛庙圜丘遗外内垣四门，皆朱漆金钉，纵横各九。"清《工部工程做法则例》中，关于宫门使用门钉的数目，有纵九横九、纵七横七、纵五横五三种规定，均为阳数，因为九为阳数之极，纵九横九等级最高。以故宫现有的宫门门钉为例，绝大多数为纵九横九，极少数为纵七横七、纵五横五。唯有东华门的大门是八排门钉，具体说法不一，历史上也无查证。

故宫内还有一扇门值得一提，即故宫的后门，紫禁城的北门——神武门。神武门的屋顶级别和太和殿的一样高，同为重檐庑殿顶。

故宫朱油大门上的门钉

故宫神武门的重檐庑殿顶

神武门作为皇宫的后门，是宫内日常出入的重要门禁，明清两代皇后行亲蚕礼即由此门出入。清代皇帝从热河或圆明园回宫时多从此门入宫。此门也是后妃及皇室人员出入皇宫的专用门。皇帝出外巡幸，可由午门出宫，但随行嫔妃必须由神武门出宫。如果皇帝侍奉皇太后出宫，则一同出神武门。

清代每三年选一次秀女，备选者经由此偏门入宫候选。1924年，逊帝溥仪被逐出宫，即日出宫之时也由此门离去。

❺ 宫殿建筑的装饰分析

中国古建筑的装饰鲜明地体现了建筑的美学特征。故宫的个性特点和不可取代的历史地位，成为世人了解古建筑装饰的主要案例，它作为宫殿建筑中的翘楚，其装饰艺术是皇权和封建等级制度的象征，主要体现在木结构、砖瓦、石材和油漆等装饰手法上。

（1）木作的装饰。

木作装饰主要指对木结构和小构件做艺术加工处理。清代的宫殿建筑重视整体效果，斗拱虽然不起重要的承重作用，但装饰性变得更加重要，同一个院落中的建筑斗拱形式不一。

宫殿建筑的大门象征着皇家的权威，装饰有铜质的门钉、门环，门环是装饰的重点，多做成兽面吞环，叫作"铺首"。古人云："兽面衔环辟不详"，可见铺首有驱邪的含义。

菱花是清代宫殿建筑门窗槅心花纹装饰之一。菱花窗由三根雕有菱花的木条，用菱花钉将它们钉在一起，形成六瓣形的花瓣。菱花木条的组合方式也跟建筑的等级有关，六瓣形的菱花窗是最高等级的样式，如太和殿的门扇，次者为双交四椀棱花，往下依次为斜方格、正方格、长条形等。

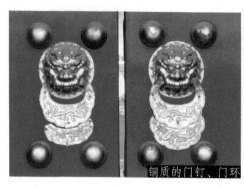
铜质的门钉、门环

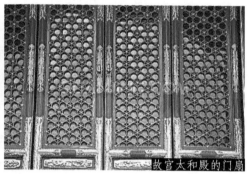
故宫太和殿的门扇

宫殿建筑的正中设藻井，有圆形、方形、菱形及覆斗、斗八等形式，故宫的建筑中藻井层层收上，用斗拱、天宫楼阁、龙凤等装饰，并满贴金箔，富丽堂皇。

宫殿建筑的匾额四周设雕刻装饰板，构成立体的边框，故宫中乾清宫和太和殿上的匾额装饰风格相同，细节上略有差异。中轴线上的三大殿上同样配有匾额。

故宫太和殿的藻井

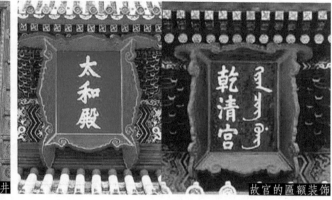
故宫的匾额装饰

故宫的琉璃瓦和瓦当装饰

（2）砖瓦的装饰。

宫殿建筑中砖瓦的装饰体现对屋顶、墙面等砖瓦构件的艺术处理。

故宫的琉璃瓦为金黄色，瓦当采用了绿色，并雕刻有龙的图案，与朱红的城墙形成了强烈的色彩对比，具有宫殿建筑特有的色彩象征。

明清宫殿建筑的屋脊上，有多种装饰瓦件，主要包括正吻（正脊两端的瓦件）、垂兽（垂脊下端的瓦件）、走兽（屋脊端部的小瓦件）等。从这些瓦件的规格排列上，能看出这栋建筑物的地位。

走兽的排列有着严格的规定，据《大清会典》里记载，最前面的是"骑凤仙人"，后面的排列顺序为龙、凤、狮子、天马、海马、狻猊、狎鱼、獬豸、斗牛、行什。走兽最多可达10只，随着建筑等级的降低而递减。

故宫太和殿上的走兽数量最多，是中国古建筑中唯一有10个走兽的宫殿。太和殿的走兽，依次为龙、凤、狮子、天马、海马、狻猊（音suān ní）、狎鱼、獬豸（音xiè zhì）、斗牛、行什。

故宫太和殿上的走兽

小兽的减少是从最后一只依次往前减，其他殿上的小兽按级递减，中和殿、保和殿、乾清宫等都是9个（减去行什），坤宁宫为7个，东西六宫为5个，一些门庑和琉璃门顶上仅用1~3个。

对于这10样形象各异的走兽，各自均有"来历"。

"龙"：是一种能兴云作雨的神奇动物，它是皇权神圣的象征。

"凤"：凤，比喻有圣德之人，属于鸟中之王，取"凤"也是突出帝王至高无上的地位；"凤凰不与燕雀为群"。它是一种仁鸟，是祥瑞的象征，它的出现预兆天下太平，人们生活幸福美满。

"狮子"：始传于佛教，据《传灯录》载："释迦佛生时，手指天，手指地作狮子吼云：'天上地下，唯我独尊'。"

"斗牛"：古代传说的一种虬龙，它是一种除祸灭灾的吉祥雨镇物。

"天马"：追风逐日，凌空照地。

"海马"：入海入渊，逢凶化吉，在我国古代神话中是忠勇之兽。

"狎鱼"：海中异兽，传说和狻猊都是兴云作雨、灭火防灾的神。

"狻猊"：形状像狮子，古书记载是与狮子同类的猛兽，它头披长长的鬃毛，因此又名"披头"，凶猛残暴，吃虎。

"獬豸"：我国古代传说中的猛兽，与狮子同类。

"行什"：造型像只猴子，但背有双翼，手持金刚杵有降魔功效，又因其形状很像传说中的雷公，放在屋顶，是为了防雷。

皇家宫殿气势宏大，首先是为了突出"重威"，对臣民起到威慑的作用；其次也是建筑的需要，如这些角兽就是为了满足固定重脊瓦件的需要，还象征着消灾灭祸，逢凶化吉，消除邪恶、主持公道。将它们置于屋脊之上，以希望风调雨顺，国泰民安。

（3）石材的装饰。

故宫三大殿的前前后后都有石雕，它们也被称为"御道"，但皇帝不能走在上面，石雕两边的台阶才是真正供皇帝出行的道路。故宫中最大的石雕长16.75米，宽3.07米，高1.7米，重达两百多吨，清乾隆二十六年凿去旧有的花纹重新雕刻。四周为缠枝莲花纹，下部为海水江牙，中

故宫最长的石雕

间雕刻流云以衬托象征天子的"九五之尊"的九条蟠龙。

故宫内的汉白玉栏杆柱头雕刻见下图。

汉白玉栏杆柱头

汉白玉栏杆柱头

故宫的九龙壁是一座长20.4米、高3.5米的琉璃照壁。九龙壁的正面共由270块烧制的琉璃塑块拼接而成，照壁饰有9条巨龙，各戏一颗宝珠，背景是山石、云气和海水。采取浮雕技术塑造烧制，富有立体感，并采用亮丽的黄、蓝、白、紫等颜色，使得九龙壁的雕塑极其精致，色彩甚为华美。

九龙壁

（4）油漆彩画的装饰。

彩画是中国古代建筑特有的装饰形式之一。彩画的底层有一层油灰地仗，用于木构件的防腐防虫。

宫殿建筑彩画主要分为三类：和玺彩画、旋子彩画和苏式彩画。

和玺彩画又称为宫殿建筑彩画，是古建筑中彩画等级最高的一种，由枋心、藻头、箍头三部分组成。枋心位于构件（梁枋）之中，占构件的三分之一，内多绘龙、凤等图案，且大面积用金，因此最为亮丽辉煌。

太和殿梁枋上的和玺彩画

紫禁城中轴线上各殿座及其他宫的主要殿座多绘以和玺彩画。

旋子彩画的等级仅次于和玺彩画，最大的特点是在梁枋的藻头内使用了带卷涡纹的花瓣，是明清宫殿建筑中运用最为广泛的彩画类型。

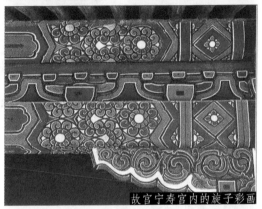
故宫宁寿宫内的旋子彩画

苏式彩画又称"官式苏画"。因明朝永乐年间营修故宫，大量征用江南工匠，故苏式彩画传入北方。历经几百年变化，苏式彩画的绘画风格与江南有所不同，以乾隆时期的苏式彩画色彩最为艳丽，装饰华贵。

故宫内的苏式彩画多用于花园、内廷等处，大都为乾隆、同治或光绪时期的作品。

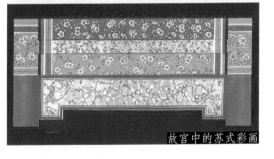
故宫中的苏式彩画

2.6.2　坛庙建筑实例分析

祭坛和祠庙都是祭礼神灵的场所，在中国古代的都城建设中，坛庙建筑是必不可少的工程项目，该类建筑带有明显的政治作用。

"台而不屋为坛，设屋而祭为庙"。在古代，"坛"指在祭祀天、地、日、月、星辰、社稷、五岳等自然之神的台型的坛，如北京的天坛，而"庙"指祭祀祖宗、先圣先师以及山川神灵的庙，如北京的太庙。

就坛庙建筑而言，北京作为明清两代王朝的都城，清代对北京的坛庙进行了大规模改建，奠定了北京的坛庙格局，到乾隆年间达到了鼎盛时期。目前北京保留了非常多且优秀的坛庙建筑，这些建筑代表了中国坛庙建筑的最高级别。北京的坛庙建筑根据祭祀对象不同可以分为两大类：一类是祭祀自然之神的坛庙，包括天上诸神和地上诸神，如天坛、地坛、日坛、月坛、先农坛、社稷坛等；另一类是祭祀鬼神的坛庙，包括祖先和历代圣贤等，如太庙、孔庙、历代帝王庙、关岳庙等。

北京地坛

北京月坛

北京先农坛观耕台

北京社稷坛

北京孔庙

北京历代帝王庙

❶ 天坛

北京的天坛是世界上最大的祭天建筑群，在坛庙建筑中当属典范，是皇帝祭天的场所。每年的冬至、正月上辛日、孟夏，每个朝代的帝王都要带领文武百官来天坛举行祭天和祈谷的仪式。

天坛的总平面采用中国传统的"天圆地方"观念，作为平面构图的基本元素。主要建筑有圜丘和祈年殿，另有神乐蜀和斋宫等。

北京天坛

祈年殿周围布局

北京天坛的祈年殿

北京天坛的圜丘

就建筑形式上讲，祈年殿的屋顶采用了圆形三重檐攒尖顶，上、中、下分别用青、黄、绿色的琉璃瓦象征天、地和万物，清朝乾隆年间把屋顶改成了蓝色琉璃瓦，只象征"天"的意向。

祈年殿的蓝色琉璃瓦

外部的台基和栏杆于乾隆年间改成了汉白玉石材，设有三层，层层向上，衬托了主体建筑的高远。蓝色的屋顶与白色的栏杆、红色的门窗色彩对比鲜明，营造了祭天的肃穆气氛。因此，北京天坛堪称中国坛庙建筑的艺术代表。

❷ 太庙

太庙是中国古代皇帝的宗庙，秦汉时起称为"太庙"。清代昭连《啸亭杂录·内务府定制》："其祭仪祭器，一如太庙之制。"北京太庙是明清两代皇帝祭奠祖先的家庙，皇帝在这里举行祭祖典礼。

太庙的主体建筑是前殿、中殿、后殿三大殿，前殿和中殿建在一个三层的土字形汉白

北京太庙前殿

玉石台基座上。

前殿是皇帝祭祀时行礼的地方，屋顶是黄琉璃瓦重檐庑殿顶（清代宫殿建筑最高级别）。殿前有月台和宽广的庭院，东西两侧各建配殿15间，分别配飨有功的皇族和功臣。

中殿供奉历代帝后神位，屋顶是黄琉璃瓦单檐庑殿顶。中殿东西两侧各建配殿5间，用以储存祭器。

后殿供奉世代久远而从中殿迁出的帝后神位，屋顶是黄琉璃瓦庑殿顶，形式和中殿基本相同。

坛庙建筑凝聚着中国传统的哲学理念，融合了中国古建筑的建筑学、力学、美学。

2.6.3 民居建筑实例分析

我国疆域辽阔，自然环境多种多样，社会经济环境也不尽相同。在漫长的历史发展过程中，逐步形成了各地不同的民居建筑形式，这种传统的民居建筑反映了地理环境的特点和人与自然的关系。

中国古代建筑历史和理论的奠基人梁思成先生在他所著作的《中国建筑史》中提到民居建筑可按地区分为四大类：江南区域、云南区、晋豫陕北之穴居区、华北及东北区。

中国地大物博，民居建筑的类型之多，归纳起来有长方形住宅、环形住宅、窑洞式穴居、曲尺形住宅、圆形住宅、天井式住宅、干栏式住宅形式。

❶ 长方形住宅（如北京四合院）

中国传统住宅的平面都遵循了以"间"为单位构成的单体建筑，再以单体建筑组合成院的封闭布局。四合院就是这种形式的代表，整个院落只有一个出入门，内由庭院和单体建筑围合而成具有私密性的庭院，非常适合独家居住。

明清后的四合院布局较有特点，大门建立在台阶上，进门有影壁，影壁上有吉祥图案的浮雕，后有前院。前院一般为门房所在地，前院内有一道门通往后院，这道门因为门槛上有木雕莲花瓣纹垂花，故又称为"垂花门"。过了这道门就是后院，后院内有主体建筑，大多坐北朝南。

北京四合院庭院内

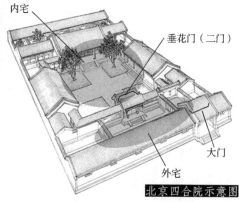
北京四合院示意图

四合院的布局讲究方位和长幼尊卑，院内坐北朝南的正房因为光线明亮，为长辈居住，东西两边的厢房为晚辈居住，佣人则住在南边的房屋（称为倒厢房）。这种安排不仅指一个家庭，甚至是一座宫殿，可用于表示君臣及帝王家族的关系。

❷ 环形住宅（如福建永定土楼）

据当地导游介绍，土楼是明清时期的朝廷官员和民众逃难到福建后在龙岩、漳州、潮州等地建造的堡垒式的环形建筑，据调查，福建漳浦县城境内就有土楼近200座，4座是明代建筑。

建筑的形态有圆形、方形、一字形，圆形居多。

福建的土楼群

土楼的方圆之间

明代土楼的层高有3层或4层，建筑以花岗岩石块为基石，外墙用夯土筑成，在外墙上能看到裸露的竹篾，可见当时的工匠们就地取材，采用山中的毛竹混合夯土砌墙，毛竹有韧性，起到了支撑的作用。

土楼的外墙做得非常厚实，据说是为了抵御当时的土匪入侵，一般的厚度在1.5~2.2米，第一层和第二层不做窗户，一方面为了防敌，另一方面是二层为粮仓，山区湿气重，故不开窗。第三层的窗户开口很小，窗孔呈梯字形，具有非常好的防御功能，现今土楼的外墙上能看到旧时的子弹孔，而土楼的采光和通风设施，被设计在内庭。

土楼的内隔墙用土坯堆砌而成，冬暖夏凉，第一层不住人，以迎客为主，房间占地不到10平方米，窗户采用大面积的竖形木格栅，增强采光和通风功能。自第二层开始设有木栏杆，第三、四层为卧房，每间

土楼的外墙和窗户

土楼的内庭客厅窗户　　　　土楼的内庭　　　　土楼的采光天井

卧房门口对应的木栏杆处设有一间突出于木栏杆外的木隔间，乃放马桶之用。故从内庭向上望去，第三、四层的栏杆外沿多出一圈木檐。楼板和屋顶用木架构、坡屋顶。

土楼内圈每隔一段距离有一段土质墙，用于防火，因为内部皆为木制结构，即使有一段房屋着火，不会影响其他几个区域而导致整栋土楼被烧光。并且在土墙旁都设有一口井，井的上方设计有天井，用于采光和收集雨水。

❸ **窑洞式穴居（如陕北窑洞）**

窑洞是中国西北黄土高原居民的古老居住形式，这种"穴居式"民居的历史非常悠久，在陕西地区，黄土层非常厚，人们利用地理条件掘窑而居，先挖地基，再打窑洞，最后扎山墙、安门窗。

窑洞的分类有靠崖窑、窑院、锢窑，靠崖窑最为典型，窑洞往往数窑相连，洞口朝阳，防火防噪声，冬暖夏凉，节省人工和工地。

窑洞的格局，有堂屋、卧室、厨房、仓房、猪栏甚至花圃，有时还有院墙。一家一户，

延安杨家岭石窑宾馆　　　　靠崖窑

自成格局。

世界上最大的窑洞建筑群——延安石窑宾馆依山而建，共有高低8排近300个窑洞，窑洞的镂空格子窗户上贴着剪纸，墙上挂着农民画，每排窑洞的门口摆着石磨、石碾和石桌椅，充满了农家气息。

❹ **曲尺形住宅（如江浙民居）**

江浙民居以木与砖瓦结构为主，讲究飞檐重阁和榫卯结构，丘陵山地的楼房依山而建，水乡小镇的则注重前街后河。

江浙民居以江南水乡为代表，房屋多依水而建，门、台阶、过道均设在水旁，民居自然融于水、路、桥之中，多楼房，以砖瓦结构为主。青砖蓝瓦、玲珑剔透的建筑风格，以及深邃的历史文化底蕴、清丽婉约的水乡古镇风貌、古朴的吴侬软语民俗风情，在世界上独树一帜，驰名中外。形成了江南地区纤巧、细腻、温情的水乡民居文化。

如诗如画的江南水乡

❺ **圆形住宅（如蒙古包）**

蒙古包是内蒙古地区典型的帐幕式住宅，以毡包最多见。内蒙古温带草原的牧民，由于游牧生活的需要，故以易于拆卸迁徙的毡包为住所。传统上蒙古族牧民逐水草而居，每年大的迁徙有4次，有"春洼、夏岗、秋平、冬阳"之说。

普通的蒙古包，高约10~15尺（3.33~5米）之间。包的周围用柳条交叉编成5尺（1.67米）高、7尺（2.33米）长的菱形网眼的内壁，蒙古语把它叫作"哈那"。包门开向东南，既可避开西伯利亚的强冷空气，也沿袭了以日出方向为吉祥的古老传统。包顶用7尺（2.33米）左右的木棍，绑在包的顶部交叉架上，成为伞形支架。包顶和侧壁都覆以羊毛毡，包顶有天窗。

蒙古包不仅是建筑，也是蒙古族最具代表性的特征。

草原上的蒙古包

第2篇 实训篇：中西方建筑风格分析

❻ 天井式住宅（如皖南民居）

中国南方的民居模式当以天井式建筑为代表，尤以徽派建筑最有代表性，其特点是由四座房屋或三座房屋和一面墙合围成一个庭院。

由于南方人多地少，气候炎热多雨，因此房子多为二层楼式建筑，中间只留有面积不大的小庭院，主要用于通风散热。房屋的屋顶坡面多向院内倾斜，以便下雨时雨水能向院内流淌，有"四水归堂，财不外流"之意。

外面多采用高于屋顶的马头墙，有利于防止火灾发生时火势蔓延。正面的楼房多为三间，正中间的称堂屋，相当于会客厅，两边分别居住主人和儿子，厢房为其他子女居住。

徽派建筑的天井

高高的马头墙

❼ 干栏式住宅（如吊脚楼）

干栏式住宅就是俗称的"吊脚楼"，多见于云南、贵州等西南地区的少数民族居住区。干栏式民居建筑是从过去的屋棚式建筑发展而来的，"层巢而居，依树积木，以居其上"是西南山区少数民族早期的居住形式，也是现在干栏式建筑的最早雏形。

吊脚楼

古时当地居民住在大树上，其住所形如鸟巢，每天必须上下大树。随着生产力的发展，定居形式的出现，他们依照树上窝棚的模样造出了干栏式建筑。之所以能产生这样的建筑形式，是因这些地方常年多雨、潮湿、炎热，山多而地少，竹木材料多，当地居民就地取材，将民居建于山坡之上。

干栏式民居通常分为两层，用木材做支撑，上层居人，下层养牲畜，既有利于通风散热，又能防止夜间野兽、毒蛇的袭击。

2.6.4 中国古代建筑风格形式与室内设计的关系

中国古代建筑风格在室内设计中应用的实例

中国古代建筑风格在室内设计中的装饰体现在室内布置、线型、家具及造型等方面，如吸取了我国传统木构架建筑中的藻井、天棚等装饰，以及明、清家具造型和款式特征，这些特征被统称为中式元素。

案例分析：中式古典风格

（1）木结构门扇在室内设计中的运用。

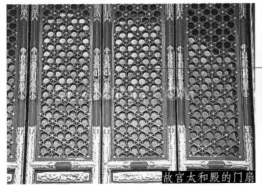 

故宫太和殿的门扇　　　　　　木门扇在室内设计中的运用

（2）中国红和中国蓝的色彩基调在室内设计中的运用。

太和殿梁枋上的和玺彩画　　　中国红和中国蓝在室内设计中的运用

（3）明清家具构件在室内设计中的运用。

古典建筑中的门窗形式　　　　中式木门窗在室内设计中的运用

落地罩

落地罩在室内设计中的运用

（4）多宝阁在室内设计中的运用。

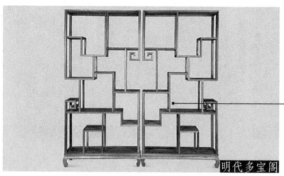

明代多宝阁

室内陈设中多宝阁的形式

（5）藻井在室内设计中的运用。

故宫太和殿上的藻井形式

藻井形式在室内顶棚的运用

以上室内设计运用了中式古典风格的建筑元素，延续了中式古典建筑含蓄古朴、对称稳重的风格，是较为优秀的室内设计作品。

▶ 小结

　　本节主要分析了中国古代建筑的风格和特征，利用几个案例大略地介绍了中式风格的家具、门窗、建筑结构等特征，引导读者读懂中国古典建筑，并结合建筑对室内设计的实际运用做了较详细的说明。中国五千年文化博大精深，中国的古典建筑丰富多彩，延续到室内设计当中的元素非常丰富，值得笔者再续。

▶ 习题

1. 中国古代建筑风格有哪些风格特征?
2. 请列举几个中国古代建筑风格的建筑，并加以分析说明。
3. 请谈一谈中国古代建筑风格与室内设计之间的联系，并举例说明。
4. 请列举几个与中国古建筑有关的构件元素。

第2篇 实训篇：中西方建筑风格分析

2.7 中国近代建筑形式

中国近代建筑的风格呈现有两面性，既有旧的建筑体系，又有新的建筑体系；既有中华民族特色的建筑，又有西方各国风格的建筑。中国近代建筑的风格发展，主要反映在新体系建筑中，由新体系的外来形式和民族形式两条演变途径，构成中国近代建筑风格的发展主流。

❶ 鸦片战争到甲午战争时期的建筑实例分析（1840—1895 年）

从建筑风格的演变来看，近代中国首先传播的外来形式是西方各国的古典式和"殖民式"。这一时期，西方近代建筑传入中国，在中国的通商口岸租界区内大批建造各种新型建筑，如领事馆、洋行、住宅、饭店等，在内地开始建造教堂，外观多为古典式。

中国通商银行大楼

如中国通商银行大楼，建于1897年，原来是东印度风格，1906年由英国人翻新为哥特式市政厅式样，位于上海市中山东一路6号，又名元芳楼，是中国人创办的第一所银行。

鸦片战争爆发后，福建省福州市成为清政府被迫开放的通商口岸之一，在老城区仓山遍布殖民地风格的建筑。

英国驻福州领事馆

如英国驻福州领事馆，建于1844年，位于仓山乐群路3号（现改为4号），为殖民地券廊式风格。

广州的沙面岛曾是英、法两国在1860年的租界，岛上有一百多座欧式建筑，其中有新巴洛克风格、仿哥特式风格、券廊式风格、新古典主义风格的建筑。

如露德天主教堂，建于1864年，位于沙面大街14号，是沙面唯一的典型的浪漫主义建筑，墙面上有数不清的垂直线条，门和窗都是向上的尖券状，顶上是一个重重叠叠的尖顶。

以上风格的建筑标志着中国突破了封闭状态。

❷ 甲午战争到五四运动时期的建筑实例分析（1895—1919 年）

这一时期是西式建筑在中国影响扩大和新建

露德天主教堂

筑体系初步形成的阶段，各国侵略者纷纷在中国设立银行，办工厂，争夺铁路修建权，火车站建筑陆续出现。

如老汉口火车站，始建于1898年，是我国第一条长距离准轨铁路的大型车站，为法式建筑风格。

老汉口火车站

厂房建筑与银行建筑日益增多，引进西式建筑，是中国城市发展的普遍。20世纪二三十年代在国外学习建筑的留学生归国，中国有了第一批建筑师。中国已初步具备了生产水泥、玻璃、机制砖瓦等建筑材料的能力，初步使用了钢筋混凝土结构，如上海亚细亚大楼，建于1916年，位于上海外滩中山东一路1号，是钢筋混凝土结构，折中主义风格，又名外滩一号。

上海亚细亚大楼

汇中饭店，建于1908年，位于上海外滩中山东一路19号，为文艺复兴建筑风格，是当时上海第一栋安装电梯的大楼；1956年改为和平饭店南楼。

上海招商局大楼，建于1901年，位于上海外滩中山东一路9号，为文艺复兴建筑风格。

汇中饭店

上海招商局大楼

❸ 五四运动时期到抗战爆发时期的建筑实例分析（1919—1937 年）

三角形山花

上海汇丰银行大楼

上海海关大楼

中国银行大楼

这一时期为中国近代建筑的繁荣阶段，建筑活动日益增多，上海在这时期出现了多栋10层以上的高层建筑，一部分建筑在设计和技术上接近当时国际先进水平。

例如，上海汇丰银行大楼，建于1925年，位于上海外滩中山东一路12号，为希腊建筑风格；采用严谨的新古典主义构图，正中为穹顶，穹顶的基座是仿希腊神殿的三角形山花，山花下有6根爱奥尼式立柱，为钢架结构，外贴花岗岩石材，建筑精美华丽。

上海海关大楼，建于1927年，位于上海外滩中山东一路13号，为古典主义与文艺复兴时期风格相结合。大门设计为古希腊神庙形式，4根希腊多立克柱支撑起整栋建筑，顶部的钟楼为哥特式风格，是上海的标志性建筑；钟楼的大钟由英国whitchurch公司设计，1928年元旦敲响第一声。目前是亚洲第一大钟，世界排名第三。

1927年，从国外留学归国的建筑师纷纷成立建筑事务所和中国建筑师协会，并出版建筑刊物，结合中国国情创造出有中国特色的近代建筑。

例如中国银行大楼，建于1937年。这幢大楼是外滩（中山东一路段）众多建筑中唯一一幢由中国人自己设计和建造的大楼，是上海最成功的摩天大楼之一。中国银行大厦分东西两幢大楼，西大楼为4层钢筋混凝土结构建筑，东大楼是主楼，高15层，地下层2层，共17层，钢框架结构。采用中华民族风格方形尖顶，其他栏杆及窗格等处理富有中华民族特色，每层的两侧有镂空图案，中国银行大楼是近代西洋建筑与中国传统建筑结合较成功的一幢大楼。

　　南京人民大会堂，建于1936年，位于南京长江路264号，建筑设计结合西方现代建筑的构图和材料，并在建筑内外大量使用中国传统建筑的纹饰进行装饰。大会堂的造型属于西方近代剧院风格，建筑立面采用了西方近代建筑常用的勒脚、墙身、檐部三段划分的方法，简洁明快，但在檐口、门厅、雨篷等处，都巧妙地运用了民族风格的装饰，显示出中西合璧的"新民族主义"建筑风格。

南京人民大会堂

❹ 抗战爆发到中华人民共和国成立（1937—1949 年）

　　这一时期是中国近代建筑的停滞时期。抗日战争期间，中国的建筑活动接近停滞，但国内的现代建筑思潮没有停滞。

❺ 新中国成立后的建筑实例分析（1949 年以后的建筑）

　　新中国成立以后，大规模的国民经济建设推动了建筑业的发展，中国建筑在规模上、地区分布上、类别上都突破了近代建筑的局限性，有了新的姿态。

（1）民用建筑。

　　中国的民用建筑在解放后有了一个质的飞越，如上海的曹杨新村。

曹杨新村

　　曹杨新村建于1951年，是解放后全中国第一个工人新村，是多层砖混结构的住宅小区。小区设计环境宽敞，房屋建筑简单朴素、美观实用，居住空间不拥挤，总体规划结合了原有的地貌，使广大工人告别了阁楼和草棚，解决了住房难的问题，被誉为上海的"银质项链"。

（2）国庆十大建筑。

　　20世纪50年代为迎接中华人民共和国建国10周年，当时的中央人民政府决定在首都北京建设包括人民大会堂在内的国庆工程，由于这项计划大体上包括10个大型项目，故又称"十大建筑"。

　　北京十大建筑是人民大会堂、中国历史博物馆与中国革命博物馆（两馆属同一建筑内，即今中国国家博物馆）、中国人民革命军事博物馆、民族文化宫、民族饭店、钓鱼台国宾馆、华侨大厦（已被拆除，现已重建）、北京火车站、全国农业展览馆和北京工人体育场。

人民大会堂

中国国家博物馆

中国人民革命军事博物馆

民族文化宫

民族饭店

钓鱼台国宾馆

华侨大厦（为现在的华侨大厦）

北京火车站

全国农业展览馆

北京工人体育场

当时中国正处于西方的经济封锁之下，这其实是中国建筑师在封闭条件下进行的一次独立的现代建筑创作探索。

2.8 几种东方传统建筑形式

2.8.1 伊斯兰建筑实例分析

❶ 伊斯兰建筑简介

伊斯兰教于公元7世纪中叶兴起于阿拉伯半岛，伊斯兰建筑主要包括清真寺、圣徒陵墓和经堂，涵盖了从伊斯兰教兴起至21世纪在伊斯兰文化圈内形成的各种建筑风格与样式。

泰姬陵

伊斯兰建筑的特点围绕着重复、辐射、节律和有韵律的花纹，特别是清真寺和宫殿。其他重要细节包括高柱、墩柱、拱门、壁龛和柱廊。圆顶在伊斯兰建筑中扮演的角色也是非常重要的，它的使用跨了许多个世纪。圆顶首次出现在691年圆顶清真寺的建筑上，并在17世纪的泰姬陵再次出现。19世纪，伊斯兰圆顶被融合到西方的建筑中。著名的伊斯兰建筑非常多，举不胜举。陵墓建筑有印度的泰姬陵，它被称为世界上最美的建筑之一。清真寺有圆顶清真寺、大马士革清真寺等。

圆顶清真寺

大马士革清真寺

❷ 伊斯兰建筑实例分析

建筑案例：圆顶清真寺

建筑的历史背景：清真寺是伊斯兰建筑的主要类型，它是信仰伊斯兰教的居民点中必须建立的建筑。圆顶清真寺（The Dome of the Rock），又称金顶清真寺，坐落在耶路撒冷老城区，是伊斯兰教著名的清真寺，也是伊斯兰教的圣地。

圆顶清真寺是迄今为止最古老的清真寺之一，建于687年，历时5年建成。

清真寺的平面为八角形，是少数没有宣礼塔的清真寺。大圆顶是这座建筑的一大特征，高54米，直径24米，原建筑为砖木制顶，1944年被翻修，盖上了24公斤纯金箔，整个圆顶璀璨夺目。

建筑外立面门窗采用拱券结构，一层外墙为砖墙与半柱构成，分别刻有不同的图案。

纯金大圆顶

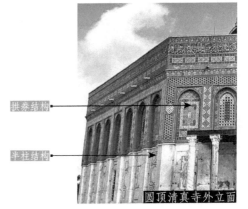

拱券结构
半柱结构
圆顶清真寺外立面

正大门由高大的马蹄形门洞和廊柱组成，门洞上方绘制有蓝白相间的植物纹样图案。正门两侧分别设有3个科林斯廊柱，结构均衡细巧。

建筑二层的外墙贴有蓝白相间美丽的几何纹样面砖，多为二方连续和适合纹样，由阿拉伯文字图案化而构成的装饰性纹样。

植物纹样图案
马蹄形门洞
科林斯柱廊
圆顶清真寺正门

外墙装饰图案

圆顶清真寺是耶路撒冷最耀眼、最炫目的建筑。

❸ 伊斯兰建筑特征分析

伊斯兰建筑庄重而富有变化，雄健而不失雅致。

（1）[宣礼塔]：是清真寺常有的建筑，用以召唤信众礼拜，最早期的伊斯兰清真寺中并无此建筑。（请参照泰姬陵建筑两侧的宣礼塔。）

（2）[穹隆]：伊斯兰建筑尽管散布在世界各地，但几乎都以穹隆而闻名，穹顶的形式多种多样，充满宗教色彩。

（3）[开孔]：即门和窗的形式，一般是尖拱、马蹄拱或是多叶拱、正半圆拱、圆弧拱，用于外墙装饰和内部。

（4）[建筑内外大面积纹样]：伊斯兰的纹样堪称世界之冠。题材、构图、描线、敷彩皆有匠心独运之处。

植物纹样：主要承袭了东罗马的传统，历经千锤百炼终于集成了灿烂的伊斯兰式纹样。创新了几何纹样，现出了无限变化，与几何纹和花纹结合更构成了特殊的形态。并且以一个纹样为单位，反复连续使用即构成了著名的阿拉伯式花样。

伊玛目清真寺内部装饰图案

文字纹样：即由阿拉伯文字图案化而构成的装饰性纹样，用在建筑的某一部分上。

伊玛目清真寺的建筑内部结构为尖券式样，满铺蓝黄相间的阿拉伯纹样的瓷砖，多为植物纹样。

2.8.2 日本建筑实例分析

❶ 日本建筑简介

日本古建筑主要指日本明治维新之前的建筑，当时的建筑形式多为木架草顶，房屋采用开放式布局，地板架空，屋内不使用油漆，保持原木色，室内地板上铺设凉席，俗称"榻榻米"，坐卧起居都在榻榻米上。

531年以后，日本建筑受中国文化，尤其是隋唐文化的影响，和佛教的传入，表现出唐朝建筑的风格，开始采用瓦屋顶、石台基、彩白相映的色彩、举架和飞檐，出现了佛寺、佛塔和宫殿。

从日本古建筑的发展期分析，大致可分为四大时期：

（1）飞鸟时期（6世纪中叶以前）；

（2）奈良时期（6世纪中叶—10世纪）；

（3）桃山时期（10世纪中叶—16世纪）；

（4）明治时期（17世纪中叶—18世纪）。

❷ 日本建筑实例分析

（1）飞鸟时期的建筑分析。

飞鸟时期的建筑引进中国隋唐建筑风格，以神社为主要类型。最具有代表性的建筑是伊势神宫。

伊势神宫

唐招提寺

（2）奈良时期的建筑分析。

因佛教的传入，日本建筑发生很大的变化，吸收了很多中国元素，代表作主要是佛教寺庙，如唐招提寺、法隆寺等。

日本的唐招提寺位于奈良市，建于公元759年，由中国唐代高僧鉴真亲手建造，是日本佛教律宗的总寺院，具有强烈的中国盛唐时期的建筑风格。

法隆寺位于日本奈良县生驹郡斑鸠町，公元587年建造，结构及主要材料为木结构，是日本早期的佛教寺院，是亚洲现存的最古老的木结构佛教寺院，法隆寺也是研究中国隋朝以前木结构建筑的珍贵实物资料。法隆寺涵盖了包括建筑、艺术及文化等专题在内的广泛内容，至今仍是日本建筑史研究的焦点之一。

法隆寺

（3）桃山时期的建筑分析。

在接受中国建筑风格的同时，日本建筑更注重与本土文化相结合，具有很大创新，如草庵茶室、"枯山水"园林。

茶室是日本以古雅为基本格调的进行茶事、茶会的地方。亦称"数奇屋""草庵"。主要分草庵茶室和书院茶室两种。前者为标准的茶室，面积为四张半"榻榻米"。

草庵茶室

枯山水庭院景观源于日本本土的微缩式园林景观，多见于小巧、静谧的寺庙禅院。所谓枯山水，就是没有真的山和水，

日本化龙寺枯山水景观

几块大大小小的石头点缀在一片白沙之中，白沙表面耙出圆形和长形的条纹，看上去耐人寻味。

（4）明治时期的建筑分析。

引进西方文明的建筑元素后，日本出现了欧式建筑，如赤坂迎宾馆、日本国会大厦等。

赤坂迎宾馆建于明治时期，为当时皇太子居住所建造，是日本最大的巴洛克建筑，现作为日本接待官方外宾的下榻场所。

日本国会大厦，建于1936年，是意大利文艺复兴风格建筑。

赤坂迎宾馆

日本国会大厦

❸ 日本建筑特征分析

日本建筑虽受中国建筑影响，但仍具有鲜明的民族特色，尺度精细，细致朴素，擅长木架构的表现。

（1）[双层屋檐]：屋檐靠斗拱的支撑挑出，但和日本传统的陡坡屋檐相矛盾，于是双层屋檐产生了，此办法可使得屋檐做得深远而平缓。

（2）[唐破风]：指将中国式屋顶的山花式屋檐演变成具有中国式弓状的山花墙，并有精致的雕刻和金色的铜纹装饰。

2.8.3　印度建筑实例分析

❶ 印度建筑简介

古代印度包括印度河和恒河流域，也是四大文明古国之一。那里是佛教、婆罗门教和耆那教的发祥地，后来又流行伊斯兰教。各种文化的交织，既留下了丰富的文明，也留下了无数的建筑。

分析印度的古代建筑，可从印度的各个宗教为出发点，宗教的派别不同，建筑风格也有区别。

❷ 印度建筑实例分析

（1）佛教的建筑分析。

佛教产生于公元前5世纪末，大盛于公元前3—4世纪。3世纪中叶，孔雀王朝的阿育王统一了印度，大力提倡佛教。此时国力强大，经济繁荣，城市和宫廷建设都较发达。佛教建筑较为多样化，如桑奇窣堵波、石窟僧院、支提、佛祖塔。

印度的桑奇窣堵波原是埋葬佛祖释迦牟尼火化后留下的舍利的一种佛教建筑，窣堵波就是坟冢的意思。桑奇窣堵波是半球（覆钵）形陵墓，象征天宇。

石窟僧院也称毗诃罗，供僧侣隐修用。

印度桑奇窣堵波

阿旃陀石窟

支提是梵文caitya的音译，意思是在圣者逝世或火葬之地建造的庙宇或祭坛，一般指礼拜场所。作为印度佛教建筑的支提，指的是安置纪念性窣堵波的塔庙、祠堂、佛殿。

佛祖塔是佛祖释迦牟尼悟道的场所。

印度巴哈加支提窟

菩提伽耶的金刚宝座塔

（2）婆罗门教的建筑分析。

婆罗门教形成于公元前1000年，提倡种姓制度，是印度古代的宗教之一。后吸收了一部分佛教的教义，演变为印度教。婆罗门教是印度的原始宗教，它按种姓把人分为高低贵贱四种。

米纳克希庙是印度教最大的神庙。塔高60米，塔身密密麻麻地雕刻着神像和立柱，色彩斑斓。

卡撒瓦神庙约建于公元1268年，坐落在印度的桑纳特浦尔，属于砖石结构，塔高10米，属印度教建筑。造型观念特殊，把建筑当做雕塑，屋顶、墙垣不分。

米纳克希庙

卡撒瓦神庙

（3）耆那教的建筑分析。

耆那教产生于公元前5世纪末，主张以苦修净化心灵，耆那原意为"胜利者"。

耆那教的建筑与婆罗门教的庙宇差别不大，主要特征是有一个十字形平面的柱厅，长长的柱子支撑着八角形或圆形的藻井；藻井精雕细琢，极其华丽。整座寺庙内内外外皆布满数以千计的人物、动物浮雕和圆雕以及精雕细镂的各种花纹，可与巴洛克艺术媲美。

克久拉霍东庙群主要为耆那教建筑，雕刻着印度三大主神：梵天、毗湿奴和湿婆形象。

久拉霍东庙群

泰姬陵

（4）伊斯兰教的建筑分析。

11世纪，印度北部和中部被伊斯兰教徒征服。崇拜伊斯兰教的莫卧儿帝国统治印度时，各地建造了大量清真寺、陵墓、经学院和城堡。

泰姬陵是印度莫卧儿王朝皇帝沙贾汗为其妃蒙泰姬修建的陵墓，陵园用白色大理石筑成，墙上镶嵌五彩宝石，中央覆盖着一个直径约18米的圆形穹窿，四角有四座高41米的尖塔。左右各有一座清真寺翼殿，前有花园和水池。泰姬陵不仅堪称莫卧儿建筑和印度伊斯兰建筑的典范，更被公认为世界建筑史上的奇迹之一。

❸ 印度建筑特征分析

印度建筑由于受不同宗教的影响，建筑风格各异，按照宗教建筑特色大致有以下几种特征。

（1）［佛教建筑］：原始的木质和土砖建筑。马蹄形平面，周边设柱廊，尽端半圆部分的 中央凿出窣堵波，柱头为帕赛玻里斯式，雕饰复杂，布满壁画。

（2）［婆罗门教建筑］：石材建造，空间较小，用梁柱叠涩券，保留木结构手法，某些庙宇凿岩而成，造型观念特殊，建筑当作雕塑，屋顶、墙垣不分，建筑和塔体浑然一体，内外满铺雕塑。

（3）［耆那教建筑］：耆那教的建筑与婆罗门教很相似，但比较开敞，雕饰比较华丽。

（4）［伊斯兰建筑］：伊斯兰建筑群体布局完美，肃穆明朗，对立统一的构图规律，建筑外立面多用琉璃砖，抹灰刻花贴面砖图案或彩色石条块，装饰富丽堂皇。装饰运用圆形、方形等几何符号构成象征性的图案，结合植物纹样和阿拉伯文字。

2.8.4　其他东方传统建筑形式在室内设计中的实际运用

❶ 伊斯兰风格在室内设计中的实例

伊斯兰风格的特征是室内色彩跳跃，对比强，以深蓝、浅蓝色为主，门窗多用尖拱形状，多用透雕。墙面用彩色玻璃或者陶瓷砖。界面常用石膏浮雕做装饰，爱好大面积的图案装饰，只能是植物或文字的图形。伊斯兰的纹样堪称世界之冠。

案例分析：尖拱形门窗和纹样装饰

尖拱形门窗和纹样在室内设计中的运用见下图。

圆顶清真寺的门窗和纹样　　尖拱形门窗和纹样在室内设计中的运用

❷ 日本和式风格在室内设计中的实例

日式风格的特点是多用原木材料，地板高出地面，形式以榻榻米为主，空间分隔用木格拉门和透光的和风面料，使得空间明亮又不失隐秘性。风格简约、淡雅、自然、精细，营造闲适写意、悠然自得的境界。

案例分析：原木材料装饰

原木材料在建筑中与在室内装饰设计中的运用见下图。

原木材料在建筑中的运用　　　　原木材料在室内设计中的运用

❸ 印度风格在室内设计中的实例

　　印度装饰风格较为典型的是深浓而强烈的色彩，来源于印度的原始宗教——婆罗门教。印度最大的神庙——米纳克希庙的外立面色彩斑斓，雕刻精致细腻，充分反映出印度建筑的风格对室内设计的影响。

　　案例分析：色彩斑斓的装饰

　　（1）色彩斑斓的装饰在室内设计中的运用。

色彩斑斓的米纳克希庙外立面　　色彩斑斓的客厅空间设计　　色彩斑斓的空间设计

　　（2）精致、复杂的图样。

　　印度风格的手染布、木碗、家饰品、寝具等，都会以纤细藤蔓相连的花卉图案，即所谓的"印度花"来呈现。

米纳克希庙内部的纹样　　绘制精致纹样装饰的储藏柜　　精致纹样与手工装饰的靠枕

小结

本节主要分析了东方传统建筑的风格和特征，利用几个案例较为全面地介绍了伊斯兰建筑风格、日式建筑风格、印度建筑风格在室内设计中的实际运用。

习题

1. 东方传统建筑有哪些？其各自的风格特征是什么？
2. 请列举几个伊斯兰风格的建筑，并加以分析说明。
3. 请列举几个印度风格的建筑，并加以分析说明。
4. 请谈一谈东方传统建筑风格与室内设计之间的联系，并举例说明。

第③篇
欣赏篇
中西方建筑风格欣赏

3.1 西方建筑风格欣赏

❶ 古埃及建筑

卢克索神庙（公元前14世纪修建，位于埃及南部尼罗河东岸）

卡纳克神庙（建于公元前2040—前1786年，位于尼罗河东岸，是古埃及最大的神庙）

胡夫金字塔和狮身人面像（建于约公元前2670年）

阿蒙神庙（公元前14世纪修建，位于卢克索镇北，是卡尔纳克神庙的主体部分）

❷ 古希腊建筑

伊瑞克先神庙（建于公元前421年—前405年，位于帕特农神庙的北面，属古希腊建筑风格）

帕特农神庙（建于公元前477—前432年，位于希腊首都雅典，属希腊古典主义建筑风格）

波塞冬神庙（位于希腊首都雅典南部，阿提加半岛最南端苏尼翁角的海神庙遗址，属希腊古典主义建筑风格）

注：这座建筑还没有完成的时候，便受到了战争的毁灭性侵袭。上图是该建筑的还原图。

左图则是在公元前445—前440年间，在原波塞冬神庙遗址上重新建造的多立克式石柱的波塞冬神庙遗迹。

❸ 古罗马建筑

罗马万神庙（始建于公元前27年，位于意大利首都罗马，属古罗马建筑风格）

罗马斗兽场（建于公元72—82年，位于罗马市中心，属古罗马建筑风格）

❹ 拜占庭建筑

圣索菲亚大教堂（建于公元523—公元537年，位于土耳其的伊斯坦布尔，属拜占庭建筑风格）

圣马可大教堂（建于公元829年，位于意大利威尼斯市中心的圣马可广场，属拜占庭建筑风格）

❺ 东正教建筑

亚历山大·涅夫斯基大教堂（建于1909年，位于保加利亚首都索菲亚，东正教的大教堂，属拜占庭式建筑）

俄国东正教大教堂（建于1912年，位于法国尼斯，东正教建筑，拜占庭建筑风格）

圣瓦西里大教堂（建于1553—1554年，位于俄罗斯首都莫斯科市中心的红场南端，属东正教建筑风格）

❻ 罗马式建筑

亚琛大教堂（建于公元790—800年，位于德国亚琛市，属罗马式建筑风格）

比萨大教堂（建于1173年，位于意大利托斯卡纳省比萨城，属罗马式建筑风格，由教堂、钟塔和洗礼堂3部分组成）

比萨斜塔（建于1173年，位于意大利托斯卡纳省比萨城，属罗马式建筑风格）

圣塞尔南教堂（建于公元1080—1120年，位于法国图卢兹，属罗马式建筑风格）

❼ 哥特式建筑

巴黎圣母院（建于1163—1250年，位于法国巴黎，是欧洲早期哥特式建筑和雕刻艺术的代表）

威斯敏斯特大教堂（始建于公元960年，位于英国伦敦泰晤士河畔威斯敏斯特区的议会广场，属哥特式建筑风格）

科隆大教堂（始建于1248年，位于德国科隆，属哥特式建筑风格）

米兰大教堂（始建于公元1386年，位于意大利米兰市，是世界上规模第二大的教堂，也是世界上最大的哥特式建筑）

❽ 意大利文艺复兴建筑

佛罗伦萨大教堂（建于1296—1436年，位于意大利的佛罗伦萨，是世界第四大教堂，文艺复兴的第一个标志性建筑）

圣彼得大教堂（建于326—333年，位于梵蒂冈，是全世界第一大教堂，基督教教堂，属文艺复兴建筑风格）

圆厅别墅（建于1552年，位于意大利维琴察，是一座完全对称的建筑，属文艺复兴建筑风格）

维克多·埃曼纽尔二世纪念堂（建于1911年，位于意大利罗马市中心，文艺复兴风格宫廷建筑）

❾ 其他文艺复兴建筑

尚堡府邸（建于1519—1547年，位于法国卢瓦尔—谢尔省布鲁瓦东面，是法国庄园建筑的代表，属文艺复兴建筑风格）

不来梅市政厅（建于1699—1712年，位于德国不来梅市，属哥特式文艺复兴建筑风格）

枫丹白露宫（建于1137年，位于法国巴黎南边，属文艺复兴建筑风格）

❿ 巴洛克建筑

圣卡罗教堂（建于公元1638年，位于意大利罗马，属巴洛克建筑风格）

纳沃纳广场（建于公元86年，位于意大利首都罗马，属巴洛克建筑风格）

罗马耶稣会教堂（建于1568—1602年，位于意大利罗马，是第一个巴洛克建筑）

⓫ 古典主义建筑

卢浮宫（建于1190年，位于法国巴黎市中心的塞纳河北岸，属古典主义建筑风格）

凡尔赛宫（建于1624年，位于法国巴黎西南郊外伊夫林省凡尔赛镇，是世界五大（中国故宫、法国凡尔赛宫、英国白金汉宫、美国白宫、俄罗斯克里姆林宫）之一，属古典主义建筑风格）

残废军人教堂（又称为恩瓦立德新教堂，建于1624年，位于法国巴黎市，属古典主义建筑风格）

霍华德府邸（建于1699—1712年，位于英国北约克郡，属法国庄园建筑的代表，属古典主义建筑风格）

圣保罗大教堂（建于604年，位于英国伦敦市，世界第五大教堂，属古典主义建筑风格、巴洛克风格与文艺复兴风格的结合）

⓬ 古典复兴、浪漫主义、折中主义建筑

万神庙（建于公元前27年，位于法国巴黎，属罗马复兴建筑风格）

美国国会大厦（建于1793—1800年，位于美国华盛顿国会山上，属罗马复兴建筑风格）

华盛顿林肯纪念堂（建于1914年，位于美国华盛顿国会山上，属希腊复兴建筑风格）

英国国家博物馆（建于1753年，位于英国伦敦新牛津大街北面的罗素广场，属希腊复兴建筑风格）

柏林宫廷剧院（建于1961年，位于德国柏林，属希腊复兴建筑风格）

英国国会大厦（又称为威斯敏斯特官，建于公元1045—1050年，位于英国伦敦的中心威斯敏斯特市，属哥特复兴式建筑风格）

巴黎歌剧院（建于1861年，位于法国巴黎，折中主义建筑风格，将古希腊罗马式柱廊、巴洛克等几种建筑形式完美地结合）

圣心大教堂（建于1919年，位于法国巴黎的蒙马特高地，属折中主义建筑风格，罗马式与拜占庭式相结合）

⓭ 洛可可艺术与建筑

南锡广场（建于1755年，位于法国东部洛林地区的南锡市，建筑细节装饰风格属洛可可风格）

南锡广场的铁艺大门为洛可可风格

南锡广场北侧的凯旋门，建筑装饰细节为洛可可风格

沿南锡广场四面周边排列的灯柱为洛可可风格

南锡广场建筑装饰构件，为洛可可风格

3.2 中国古代、近代建筑风格欣赏

A 宫殿建筑

大明宫国家遗址公园（大明宫建于唐太宗贞观八年，位于中国西安市，唐代宫殿建筑群）

北京故宫（始建于公元1406年，位于中国北京，为明、清两代的皇宫，木质结构的宫殿型建筑）

沈阳故宫（建于清初崇德二年（1637年），位于中国沈阳，是清朝初期努尔哈赤和皇太极的宫殿）

❷ 坛庙建筑

北京天坛（始建于明朝永乐十八年（1420年），位于中国北京，木结构祭祀宫殿建筑）

北京月坛（建于明嘉靖九年（1530年），位于中国北京，祭祀月亮和天神的建筑，木结构坛庙建筑）

北京先农坛（建于1406年，位于中国北京，祭祀先农的建筑，石砌坛庙建筑）

北京社稷坛（建于1421年，位于中国北京，明清皇帝祭祀土地神、五谷神的建筑群）

北京孔庙（建于1302年，位于中国北京，元、明、清皇帝祭祀孔子的建筑群，木结构坛庙建筑群）

北京历代帝王庙（始建于明嘉靖十年（1531年），位于中国北京，明清两代皇帝崇祀历代帝王的木结构宫廷建筑群）

❸ 民居建筑

四合院（汉族传统合院式建筑）

陕北窑洞（中国西北黄土高原特有的民居形式）

福建土楼（始建于宋元时期，位于中国福建省漳州一带，被称为"客家土楼"）

湘西土家族的吊脚楼（始建于春秋时期，位于中国湘西一带，坐落在一半为陆地，一半为水的地势上，多为木结构）

徽派建筑（始建于秦汉至南北朝时期，位于中国徽州、严州一带，是汉族传统建筑最重要的流派之一，以木构架为主，具有高超装饰艺术水平的民居建筑）

苏州园林与建筑（始建于公元前6世纪春秋时期，位于中国苏州，以"白墙黛瓦"著称，是江南民居的代表）

山西民居（始建于唐代末期，位于中国山西汾河一带，以雕梁画栋和装饰屋顶、檐口见长的木结构砖混结构建筑）

傣家竹楼（位于中国云南西双版纳，傣族特有的典型建筑形式，竹子建造，施工简单快捷）

蒙古包（位于中国内蒙古一带，北方游牧民族的地方性建筑，穹顶圆壁，由架木、苫毡、绳带三大部分组成，既便于搭建，又便于拆卸移动）

3.3　几种东方传统建筑风格欣赏

❶ 伊斯兰建筑

阿布扎比大清真寺（建于2007年，位于阿联酋首都阿布扎比，属伊斯兰建筑风格）

圆顶清真寺（建于687年，位于耶路撒冷老城，属伊斯兰建筑风格）

泰姬陵（建于1631年，位于印度的阿格拉，是伊斯兰建筑的代表作）

大马士革清真寺（建于公元705年，位于阿拉伯叙利亚共和国首都大马士革旧城，属伊斯兰建筑风格）

❷ 日本建筑

伊势神宫（建于公元前4年，是位于日本三重县伊势市的神社，日本神社的主要代表，属日本最古老的木造建筑形式）

唐招提寺（建于公元759年，位于奈良市，盛唐时期建筑风格）

法隆寺（建于公元587年，位于日本奈良县生驹郡斑鸠町，是日本最早的佛教寺院，木结构建筑）

赤坂迎宾馆（建于明治时期，位于日本赤坂，属巴洛克建筑风格）

日本国会大厦（建于1936年，位于日本东京，属文艺复兴建筑风格）

❸ 印度建筑

印度桑奇窣堵波（建于约公元前 3 世纪，位于中央邦首府博帕尔附近的桑奇村，石砌佛塔）

阿旃陀石窟（建于公元前2世纪左右，位于马哈拉斯特拉邦境内，石砌僧房，以壁画艺术著称）

巴哈加支提窟（"支提窟"是藏舍利的塔，其特点是窟平面呈狭长的马蹄形，窟内环绕四壁雕刻列柱，分前后两个空间，前者是"礼堂"，后部为圆形天井，即穹窿井，也称之为藻井）

菩提伽耶的金刚宝座塔（建于公元5世纪到6世纪，位于印度巴特那城南，佛教徒尊为朝拜圣地）

卡撒瓦神庙（建于约1268年，位于印度的桑纳特浦尔，砖石结构建筑，将雕塑融入建筑中）

米纳克希庙（建于16-17世纪，位于印度马杜赖，是印度教最大的神庙）

3.4 建筑内部绘画艺术欣赏

❶ 西方建筑绘画艺术

罗马圣保罗大教堂穹顶画

罗马圣保罗大教堂顶部装饰

某任教皇的家徽1

某任教皇的家徽2

教堂窗花
装饰图案1

教堂窗花
装饰图案2

第3篇

欣赏篇：中西方建筑风格欣赏

教堂窗花装饰图案3

维也纳圣史蒂芬大教堂内部马赛克画

教堂窗花装饰图案4

罗马某教堂装饰画

教堂屋顶内部装饰1

教堂屋顶内部装饰2

西班牙格拉纳达 阿尔罕布拉宫内部马赛克装饰

❷ 东方建筑绘画艺术

（1）中国古建彩绘。

中国古建彩绘 1

中国古建彩绘 2

中国古建彩绘 3

中国古建彩绘 4

中国古建彩绘 5

中国古建彩绘 6

中国古建彩绘 7

中国古建彩绘 8

中国古建彩绘 9

第3篇

欣赏篇：中西方建筑风格欣赏

（2）韩国建筑彩绘。

韩国建筑彩绘1

韩国建筑彩绘2

（3）日本建筑彩绘。

日本建筑彩绘1

日本建筑彩绘2

日本建筑彩绘3

日本建筑彩绘4

（4）印度建筑彩绘。

印度建筑彩绘1

印度建筑彩绘2

印度建筑彩绘3

印度建筑装饰4

印度建筑
彩绘5

印度建筑彩绘6

印度建筑彩绘7

印度建筑彩绘8

印度建筑彩绘9

印度建筑彩绘10

印度建筑彩绘11

（5）伊斯兰建筑彩绘。

伊斯兰建筑彩绘1

伊斯兰建筑彩绘2

伊斯兰建筑彩绘3

伊斯兰建筑彩绘4

伊斯兰建筑装饰1

伊斯兰建筑装饰2

3.5 西方各国建筑艺术欣赏

❶ 西班牙

（1）巴塞罗那。

巴约尔之家

古埃尔公园

米拉之家

米拉之家（烟囱）

圣家族大教堂

（2）塞维利亚。

塞维利亚大教堂

塞维利亚市政厅

西班牙广场

塞维利亚大皇官

西班牙广场塔楼

（3）格拉纳达。

阿尔罕布拉官　摩尔式回廊1

欣赏篇：中西方建筑风格欣赏

阿尔罕布拉宫　摩尔式回廊2

阿尔罕布拉宫　摩尔式回廊4

阿尔罕布拉宫　摩尔式回廊3

❷ 捷克（布拉格）

旧皇宫

圣维特大教堂

❸ 德国

班贝格市政厅

浪漫之路中世纪桁架房屋

传统德国建筑屋顶

茨温格宫

绿穹博物馆

森帕歌剧院

森帕歌剧院正门

圣母大教堂

❹ 英国（伦敦）

爱丁堡荷里路德宫

国家画廊

剑桥国王学院正门

伦敦白厅

伦敦圣保罗大教堂

伦敦大本钟

伦敦塔白塔

伦敦议会大厦

伦敦自然历史博物馆

❺ 意大利（罗马）

古罗马城墙遗迹

塞维鲁凯旋门

圣彼得广场

圣乔万尼大教堂

圣塞巴斯蒂安教堂

特来维喷泉（许愿池）

提沃利花园回廊

❻ 俄罗斯（莫斯科）

红场

莫斯科古姆百货商店

参考文献

［1］陈捷，张昕. 中外建筑简史［M］. 北京：中国青年出版社，2014

［2］张超. 中国建筑文化入门［M］. 北京：北京工业大学出版社，2012

［3］刘思捷，张曦，张圆圆. 世界建筑一本通［M］. 武汉：长江文艺出版社，2011

［4］Ms.Roberts. A history of architecture，Oxford University Press，1995

［5］丁援. 一本书读懂中国建筑［M］. 北京：中华书局，2012

［6］沈福熙，黄国新. 建筑艺术风格鉴赏——上海近代建筑扫描［M］. 上海：同济大学出版社，2003

［7］（法）德比齐等，徐庆平译. 西方艺术史［M］. 海口：海南出版社，2001

［8］梁思成. 中国建筑史［M］. 北京：生活·读书·新知三联书店，2011

［9］中国建筑工业出版社. 民居建筑. 建筑艺术编（袖珍本）［M］. 北京：中国建筑工业出版社，2004